信息技术王跃进、高方银贵州名师工作室推荐用书

U0169587

Python 算法与程序设计基础

主　编　王跃进

副主编　舒大荣　郑俊辉　赵　燕

编　委　刘世俊　龙建海　卢　蓉　汪　波

　　　　吴建和　杨冬宁　杨敏燕　张燕飞

主　审　高方银　王　塑

西南交通大学出版社

·成　都·

图书在版编目（ＣＩＰ）数据

Python算法与程序设计基础 / 王跃进主编. —成都：
西南交通大学出版社，2023.5
ISBN 978-7-5643-9252-9

Ⅰ. ①P… Ⅱ. ①王… Ⅲ. ①软件工具 – 程序设计 –
教材 Ⅳ. ①TP311.561

中国国家版本馆 CIP 数据核字（2023）第 066194 号

Python Suanfa yu Chengxu Sheji Jichu

Python 算法与程序设计基础

主编 王跃进

责任编辑　　李华宇
封面设计　　何东琳设计工作室

出版发行　　西南交通大学出版社
　　　　　　（四川省成都市金牛区二环路北一段 111 号
　　　　　　西南交通大学创新大厦 21 楼）
邮政编码　　610031
发行部电话　028-87600564　028-87600533
网址　　　　http://www.xnjdcbs.com
印刷　　　　四川森林印务有限责任公司

成品尺寸　　185 mm×260 mm
印张　　　　11.5
字数　　　　245 千
版次　　　　2023 年 5 月第 1 版
印次　　　　2023 年 5 月第 1 次
定价　　　　36.00 元
书号　　　　ISBN 978-7-5643-9252-9

课件咨询电话：028-81435775
图书如有印装质量问题　本社负责退换
版权所有　盗版必究　举报电话：028-87600562

前 言

为了紧跟时代步伐，我们选择 Python 这款功能强大、简洁优美、跨越平台且简单易学的计算机编程语言，以《普通高中信息技术课程标准（2017 年版）》为依据，进行教材《Python 入门与实践》的规划设计。教材内容的设计，在强调编程基础训练的同时，重视真实问题情境引领下的深度学习与学科核心素养培养。

为了保证教材的编写质量，我们参阅了大量国内外最新课程标准及技术文献，主要针对 Python3.x 版本教学，体现基础性、前瞻性、科学性、实践性、实用性和综合性，所采用的资料、数据力求精准。《Python 入门与实战》初稿出来后，首先通过我们工作室的研修活动进行试用，所有章节反复论证、所有案例反复甄选、所有代码反复测试，广纳意见和多次修改，于 2019 年 3 月由西南交通大学出版社出版发行。

2022 年 5 月，我们在教学实践基础上，再次依据《普通高中信息技术课程标准（2017年版 2020 年修订）》《义务教育信息科技课程标准（2022 年版）》，重新梳理、增删、优化而成《Python 算法与程序设计基础》。新版教材降低了难度，增加了练习与基础算法案例。教材内容设计更加关注基础、突出重点、通俗易懂，更加强化问题解决背后的计算思维与算法思想揭示，有利于信息技术（科技）学科核心素养建构。

新版教材适合初学编程的爱好者及中小学信息技术教师自学使用，也适合中学、中高职院校作为选修课程教材使用。

贵州省铜仁一中、德江一中、贵阳市实验三中、凯里一中、务川中学、松桃民族中学、成都市实验中学等学校教师以及西南民族大学、旷视科技研究院（北京）、铜仁市教育科学研究所相关同志参与了本书的调研、资料收集和编写工作，在此向他们表示衷心感谢！

本书参考引用了国内外大量资料，其中主要来源已在参考文献中列出，如有遗漏，恳请作者原谅并及时联系。

贵州省高中信息技术王跃进名师工作室
贵州省高中信息技术高方银名师工作室
2023 年 2 月

使用说明

《Python 算法与程序设计基础》，是以计算机高级语言 Python 学习与实践为载体，以建构信息技术（科技）学科大概念与核心素养为宗旨，着力提升中小学信息技术教师及编程爱好者信息素养和问题解决能力，是新时代中小学信息技术（科技）教育工作者必修的一门课程。编者结合多年的培训研修经历与教育教学经验，特编写此教材。

教材立足学生视角，注重问题导向，强化任务驱动，引领深度学习。将学习内容融入真实情境中，突出实践性和可操作性，通过"理论导学""算法分析""代码示范""动手实践"等环节，让学生在体验中学习，在学习中体验。教材适合作为初中、高中、中职、高职学段校本课程、地方课程或拓展性课程教材，也适合中小学信息技术（科技）教师、编程爱好者自学选用。

课时建议：

模　块	内　容	建议课时	备　注
第 1 章	为什么要学 Python	1 学时	
第 2 章	初探 Python 解释器	1 学时	
第 3 章	Python 编程基础	7 学时	
第 4 章	Python 函数	4 学时	
第 5 章	数据结构与基础算法	5 学时	
第 6 章	文件与目录操作	2 学时	
第 7 章	面向对象的编程基础	0 学时	仅供学有余力的师生参考
第 8 章	计算思维与微项目教学实践案例	0 学时	仅供学有余力的师生参考
第 9 章	综合项目实践	0 学时	仅供学有余力的师生参考
附　录	测试题参考答案		
总课时		20 学时	

教学建议：

（1）各校可视校情、教情与学情，酌情调整课时计划和选择学习内容。

（2）建议在安装有 Python 的计算机教室的真实环境中进行，避免使用不科学的方法学科学，不技术的环境学技术。

（3）推荐采用"先学后教、以学定教"课堂内翻转课堂的教学模式，注重"探究式、项目式"教学策略应用，凸显"教师主导、学生主体"教学地位，以更好达成"学以致用、学有所用"教学目的。

编　者

2023 年 2 月

目　录

第1章　为什么要学习 Python

1.1　什么是 Python

一台计算机应该包括计算、存储和控制三个部分主要硬件。每一个硬件后面，总有软件代码在支撑，如图 1.1 所示。人们通常注意到的其实是计算与存储这两部分，忽视的是控制部分。计算机从本质上来讲是在不断地做程序操控和数据流转，能够进行什么样的计算、完成什么样的任务，就看人们如何控制计算机了。当然，我们今天不会像使用算盘那样一步一步地操控计算机，而是将所有的控制指令代码以程序的形式输入计算机中，这样计算机就在程序的控制下完成了人们想让它做的事情。

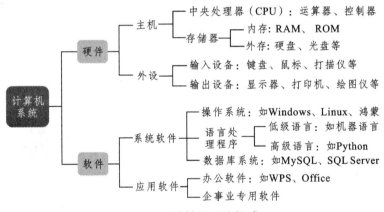

图 1.1　计算机系统组成

在计算机早期的发展过程中，计算机的复杂程度和它能够解决的问题的复杂程度是同步增加的。但是当问题越来越复杂之后，就无法制造出更复杂的计算机了，也就是说用复杂办法解决复杂问题的思路走不通了。于是香农等人改变了思路，用简单的方法解决复杂的问题，具体讲，就是使用开关电路实现各种计算，而开关电路的基础是布尔代数，最简单易实现的就是采用只有两个元素 0、1 的二进制编码。今天的计算机内部指令依然是二进制编码，人类难记难学，称为机器语言。

Python 也是人类"命令"计算机干活时使用的一种"语言"。它是一种面向对象、解释型计算机程序设计高级语言，由 Guido van Rossum（吉多·范罗苏姆）开发创建，是纯粹的开源软件，源代码和解释器 CPython 遵循 GPL（GNU General Public License）

协议。1989 年，Guido 开发了一个新的脚本解释程序，作为 ABC 语言的一种继承。之所以选中 Python（意为大蟒蛇）作为该编程语言的名字，是因为 Guido 钟情于一个名为 Monty Python 的喜剧团体。就 Guido 本人看来，ABC 这种语言非常优美和强大，是专门为非专业程序员设计的。但是 ABC 语言并没有成功，Guido 决心在 Python 中避免不足，同时还想实现在 ABC 中闪现过但未曾实现的东西。就这样，Python 在 Guido 手中诞生了。

1.2 为什么要学习 Python

为什么要学习 Python？当然是为了向计算机"发号施令"。但是通过 Python，我们能让计算机干些什么呢？

Python 已经成为最受欢迎的程序设计语言之一，其主要优势有：

（1）Python 是面向对象的、动态数据类型的解释型语言，同时有面向过程和面向对象编程方式。Python 省去了变量声明的过程，程序运行的过程中自动决定对象的类型。在 Python3 后，变量可以存放任意大小的整数，只有内存不够，没有数据溢出，不会像其他语言那样受到溢出问题的困扰，降低了学习门槛。

（2）Python 使用缩进语法格式，使得语法简单、风格清晰、严谨易学，它能让用户编写出更易读、易维护的代码，能让开发者、分析人员和研究人员在项目中更好地合作。

（3）Python 代码效率高，实现相同功能，Python 语言的代码行只相当于其他语言的 1/10 ~ 1/5。

（4）Python 真正的魅力在于它的计算生态，拥有丰富的扩展库，常被戏称为胶水语言，能够把用其他语言制作的各种模块很便捷地联结在一起，可以轻易完成各种高级任务。

（5）Python 完全免费，众多开源的科学计算库都提供了 Python 的调用接口，用户可以在任何计算机上免费安装 Python 及其绝大多数扩展库。在国内外及各领域，如卡内基梅隆大学的编程基础、麻省理工学院的计算机科学及编程导论都在使用 Python 语言讲授；如著名的计算机视觉库 OpenCV、三维可视化库 VTK、医学图像处理库 ITK 等众多开源的科学计算软件包也都提供了 Python 的调用接口。我国普通高中信息技术新教材各个模块均选择 Python 及其库来进行教学实现，如表 1.1 所示。

Python 作为一门面向对象的高级编程语言，已成为人工智能、大数据科研人员的首选语言之一。从云端、客户端，到物联网终端，再到人工智能，Python 应用无处不在，如火热全球的 ChatGPT 就是用 Python 实现的，在人工智能逐渐普及的当下，选用 Python、学习 Python，不仅可以培养信息技术学科核心素养，也将为学生终身发展提供无限可能。

计算机科学家吴军在《计算之魂》中说：一个"码农"能走多远？如果不断努力而且方法得当，能走得很远很远：能够获得图灵奖，成为工程院院士，也能成为改变世界的人物。

表 1.1　普通高中信息技术新课程模块结构及依赖关系

必修 1　数据与计算	必修 2　信息系统与社会
数据与大数据 数据处理、分析与可视化（Python + Pandas） 编程与算法（Python） 人工智能简介（Python + Baidu）	认识信息系统 设备、网络与软件（Raspberry Pi + Python） 传感与控制（Raspberry Pi + Python） 信息社会：伦理与法规
选择性必修 1　数据与数据结构	选择性必修 2　网络基础
Python 实现	Windows + Python Raspberry Pi + Python Android + App Inventor
选择性必修 3　数据管理与分析	选择性必修 4　人工智能初步
Python + Pandas Python + Matplotlib	Python + scikit-learn Raspberry Pi + TensorFlow App Inventor + TensorFlow App Inventor + BATK
选择性必修 5　三维设计与创意	选择性必修 6　开源硬件项目设计
Minecraft + Python Python + Vpython	Raspberry Pi + Python App Inventor + Arduino MicroPython + IoT
选修 1　算法初步	选修 2　移动应用设计
Python + NumPy + SciPy	Android + App Inventor Python + Django

1.3　怎样学 Python

怎样学 Python？我们借助脑科学与认知科学的前沿研究成果（见图 1.2）提出三点建议：

（1）先考后学，事半功倍。先看每章后面的测试题，不必在意测试的成绩，测试的目的是让你带着问题去阅读，这样，大脑就会主动捕捉那些重要的信息，并建立更强的存储和提取回路，让你觉得知识像是被主动"引进"脑海的。

（2）交替练习，激活思维。根据大脑存取记忆的关系，利用遗忘与"被打断"的正面意义,将学习 Python 与学习其他学科交替进行,虽然感觉进步慢,但过程中大脑随时准备面对突发情况,培养了在总体上的灵活应变能力。

(3)学用结合,学以致用。学习永远都是从实践开始最有效,记忆最深刻,兴趣最浓厚。时常遇到问题都试着用计算思维去解决,即便一时解决不了,但是大脑在经历问题情景的努力回忆后,会加强这些信息的存储和提取能力。更重要的是,它将解决问题背后的思想方法潜移默化地迁移到其他领域中去。

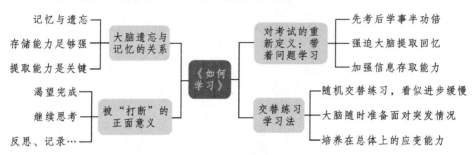

图 1.2　本尼迪克特·凯里脑科学与认知科学前沿研究成果《如何学习》核心结论

【拓展阅读】万物皆编码——抽象与表示

用一句话来讲计算机的功能,就是传输、存储和处理信息。要完成这样的任务,就要对信息本身进行编码,对信息要传送的目的地编码,对存储信息的物理单元编码。计算机编码的本质就是区分彼此。因此,有效的编码既是计算机科学的基础,也是掌握这门学科的钥匙。

从人的思维换到计算机的思维,就需要计算机在访问信息或者了解一些对象的具体特征之前,先要根据编码定位,然后再到相应的位置去查看内容。比如互联网发送邮件,先要查出对方计算机所在网络的 IP 地址,才能知道要将邮件送到哪里。如果快递小哥也这么工作,就需要先根据客户写的地址找到经纬度,然后再去那个地方,当然这样太绕弯子了。计算机初学者常常很困惑的一件事就是,为什么计算机总是先要绕一个弯,找到地址才能找到内容,因为计算机就是这么设计的,和我们人的思维方式不同。

理解了计算机内部的工作机制和人思维方式的不同之处后,在对信息和各种对象进行编码时,就要本着效率优先的原则。计算机内部把万物抽象编码成二进制数码表示是很有道理的,因为世界上所有的信息都可通过二分的方法来确定,而且效率很高。比如可以用 0 代表正、1 代表负;用 0 代表小、1 代表大,等等。用多个二进制的组合,就能对各种信息或者对象进行编码,比如用 4 位二进制对 16 个不同的计算机设备进行编码,以示区别。在计算机内部,二进制所代表的编码,很容易通过开关电路来产生、输出和辨识。

当然,二进制的编码对于人类来讲很不直观,于是产生了很多便于人类辨识的等价代码。所以在计算机内部使用的编码,与我们在纸上记录的编码可能是两回事,前者都是二进制的，而后者更接近我们人能记住的符号。在计算机的发展过程中，很多高级语言被发明出来，如 C、C++、Java 和 Python。发明这些语言，就是为了弥补机器语言不够直观的缺陷。因此，高级语言的本质是连接人的解题步骤编码和机器解题步骤编码之间的桥梁。

训练题 1

1. 选择题

（1）下列关于 Python 的说法不正确的是（   ）。

    A. Python 语言数据类型是动态的

    B. Python 是免费开源的编程语言

    C. Python 是编译型高级语言

    D. Python 是解释型高级语言

（2）计算机解决问题所需要的程序和数据存储在（   ）。

    A. CPU   B. 运算器   C. 存储器   D. 控制器

（3）我们使用的 Java、C、Python 等高级程序语言写的计算机程序，都需要被编译或解释成（   ）代码才能运行。

    A. 二进制   B. 十进制   C. 十六进制   D. 英文字母

（4）某 4 位二进制数 1□10，其中有一位看不清了，则可能与这个二进制数相等的十进制数是（   ）。

    A. 9 或 13   B. 11 或 14   C. 10 或 13   D. 10 或 14

（5）下列关于大脑记忆与遗忘的说法，不正确的是（   ）。

    A. 提取能力是记忆的关键

    B. 存储能力强，记忆力就强

    C. 大脑遗忘规律是先快后慢

    D. 交替学习容易被"打断"，影响长期记忆

（6）【多选】所有数据信息存储在计算机中都是二进制数码，二进制的一个位（bit，译为比特）。一个二进制位只能表示 1 或 0 两种状态，要表示更多信息，就要把多个位组合成一个整体，一般以 8 位二进制组成一个基本单位称为字节（Byte，简计为 B）。一个 ASCII 码占用一个字节，一个汉字占用两个字节，那么字符串"AB12c"占用（   ）。

    A. 5b   B. 40b   C. 10B   D. 5B

2. 阅读理解

在计算机中，编码是指用预先规定的方法将文字、数字或其他对象转换成规定的符号组合，或将信息、数据转换为规定的脉冲电信号。万物皆编码，编码的本质是区分彼此。阅读理解表 1.2 所示常用数制规则。

表 1.2 常用数制

数制	基数	可用符号	位权	进位规则
十进制	10	0、1、2、3、4、5、6、7、8、9	10^{n-1}、10^{n-2}…10^0、10^{-1}、10^{-2}…	逢 10 进 1
二进制	2	0、1	2^{n-1}、2^{n-2}…2^0、2^{-1}、2^{-2}…	逢 2 进 1
八进制	8	0、1、2、3、4、5、6、7	8^{n-1}、8^{n-2}…8^0、8^{-1}、8^{-2}…	逢 8 进 1
十六进制	16	0、1、2、3、4、5、6、7、8、9、A、B、C、D、E、F	16^{n-1}、16^{n-2}…16^0、16^{-1}、16^{-2}…	逢 16 进 1
R 进制	R	0、1…$R-1$	R^{n-1}、R^{n-2}…R^0、R^{-1}、R^{-2}…	逢 R 进 1

回答下列问题：

（1）十进制数 17 转换成十六进制数是多少？

（2）两个二进制数的减法 1101-11 等于多少？

（3）为什么所有数据信息存储在计算机中都要编码成二进制数码而不使用其他进制？

3. 做中学 学中做：体验怎样给计算机下命令

（1）在 Windows 搜索框中输入"CMD"命令进入 DOS 操作系统，然后转到 D:盘根目录，用 MD 命令创建一个"MyApp"的子目录，进入该目录。

（2）退回到 Windows 操作系统，在计算机"D：\MyApp"目录里创建一个空的文本文件"1.txt"，查看文件大小是多少。

（3）在"1.txt"文件里输入一个英文字母或数字，保存后查看文件大小是多少。

（4）把字母换成汉字，保存后查看文件大小又是多少。

（5）你能根据（2）、（3）、（4）的实验结果总结出什么规律吗？

学后反思

请梳理本章涉及知识要点，你认为什么方法或策略是学会本章内容的关键？还需要老师提供何种帮助？

第 2 章   初探 Python 解释器

2.1   Windows 下安装 Python

2.1.1   下载安装包

由于 Python 是开源软件，访问官方网址，点击页面上的"Download Python.×××"按钮即可免费下载 Python 安装包。

也可以通过以下地址下载 Windows 安装包：https://python123.io/download。

2.1.2   安装 Python

双击 Python 安装包，会出现如图 2.1 所示的界面。

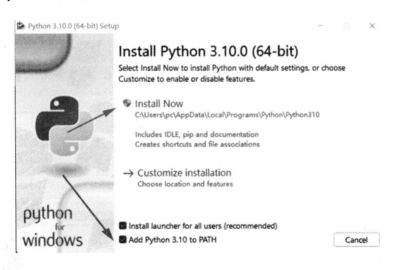

图 2.1   安装 Python

在这个页面，务必勾选最下面的"Add Python x.x to Path"选项，然后点击"Install Now"。之后的安装界面都选择"允许"，这样便能顺利地完成安装。

安装成功界面如图 2.2 所示，此时点击"Close"按钮即可。

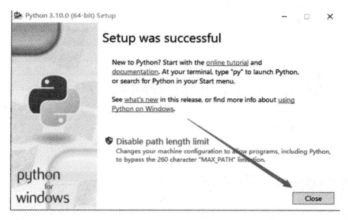

图 2.2　安装完成界面

2.1.3　验证是否安装成功

在 Windows 系统的搜索栏搜索"运行",然后点击打开,在弹出的窗口中输入"cmd",然后点击"确定",如图 2.3 所示。

图 2.3　进入 DOS 命令行

这时会弹出一个黑色的窗口(DOS 命令行方式),我们称之为"终端"。在终端中输入"py"或"python",然后回车,如果出现了如图 2.4 所示的反馈信息与 >>> 提示符,则说明已进入 Python 解释器交互环境,安装成功。在 >>> 提示符后面输入 Python 内置函数 exit()或 quit()并按下回车键,可以退出 Python 环境,回到 DOS 命令行状态。

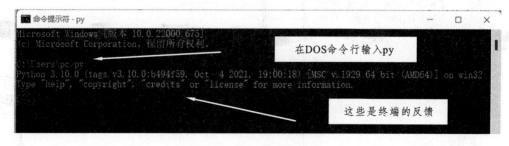

图 2.4　DOS 命令行窗口

2.2 编写第一个 Python 程序

本节将介绍如何编写、保存与运行 Python 程序。

接下来，将看见如何在 Python 中运行一个传统的"Hello World"程序。通过 Python 来运行程序有两种方法——使用交互式解释器提示符或直接运行一个源代码文件，下面将了解如何使用它们。

2.2.1 Python 解释器

在操作系统中打开终端程序，然后通过输入"python"或"py"并按下回车键来启动 Python。此时会看见开始输入内容的地方出现了">>>"，它被称作 Python 解释器提示符。

在 Python 解释器提示符后输入：

```
>>>print("Hello World")
```

输入完成后按下回车键，将会看到屏幕上打印出"Hello World"字样，如图 2.5 所示。

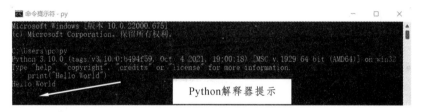

图 2.5　Python 解释器提示符

可以看到，输入一句独立的 Python 语句，Python 会立即输出一行结果，故可以使用 print 命令来打印提供的信息。在这里，我们提供了文本"Hello World"，然后它便被迅速地打印到了屏幕上。

如果使用 Windows 系统的 DOS 命令行进入 Python 解释器环境提示符>>>，可以输入 exit()或 quit()函数来退出 Python 解释器交互模式。

2.2.2 创建一个源代码文件

在学习一门新的编程语言时有一项传统：编写并运行的第一个程序是"Hello World"程序。

1. 创建文件

首先，创建一个新的文件夹，教材后续的代码都将放在这个文件夹中（路径由学

9

生自定义，方便查看文件夹即可）。假设 Windows 用户会打开一个有图形界面的文件夹，并进入这个文件夹。

接下来，要在这个文件夹中创建一个名为"hello.py"的空文件（Windows 用户需要先确保文件名称后面的扩展名能够显示出来），具体操作步骤如下：

创建一个新的文本文档并命名为"hello.py"，这时会弹框提示"如果改变文件扩展名，可能会导致文件不可用。确实要更改吗？"这里选择"是"。之后这个文本文档的图标将会变成 Python 文件图标，如图 2.6 所示。

图 2.6　python 源程序文件

2. 编辑文件

在"hello.py"文件中添加以下代码：

```
print("hello world")
```

Windows 用户可以右击该文件，在右键菜单中选择"Edit with IDLE"（Python 自带的程序编辑器），如图 2.7 所示，然后将上面的代码输入文件中，按 Ctrl+S 键保存文件。

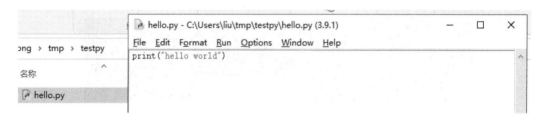

图 2.7　Python 自带的 IDLE 编辑器窗口

3. 运行文件

使用以下命令进入刚刚创建的文件夹：

```
cd 文件夹路径
```

当然，不同的操作系统文件夹路径格式略有不同。Windows 系统文件夹的路径类似"C:\Users\mypy\testpy"。

对于 Windows 用户，若要获得文件夹的路径，只需要点击文件夹地址栏的空白处，路径就会自动显示出来，然后使用 Ctrl+C 键复制该路径，在终端中将路径粘贴在"cd 空格"之后即可。

在终端中进入文件夹，输入"py hello.py"或"python hello.py"命令运行程序，程序的输出结果如图 2.8 所示。

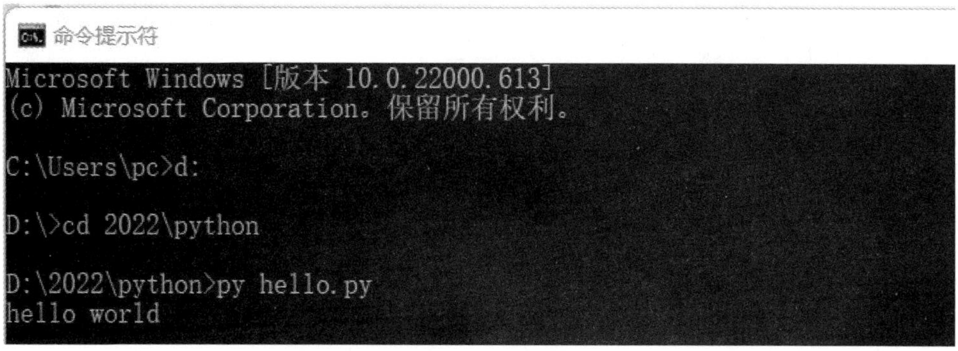

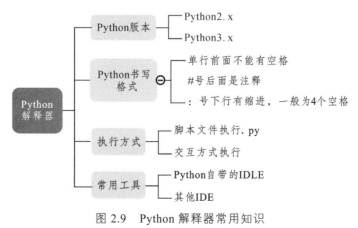

命令提示符

Microsoft Windows [版本 10.0.22000.613]
(c) Microsoft Corporation。保留所有权利。

C:\Users\pc>d:

D:\>cd 2022\python

D:\2022\python>py hello.py
hello world

图 2.8　运行程序界面

如果输出结果与图 2.8 类似,则表明已经成功运行该程序。否则,应确认是否已经正确输入上述内容,并尝试重新运行程序。

需要注意的是,Python 程序是严格区分大小写的,如 print 和 Print 是不同的(注意前者的 p 是小写,而后者的 P 是大写)。此外,需要确保每一行的第一个字符前面都没有任何空格或制表格——将在后面介绍它的重要性。

它是如何工作的? 一个 Python 程序是由"语句"所构成的。在我们的第一个程序中,只有一条语句。在这条语句中,调用了 Python 的 print 函数来输出文本"hello world"。

2.3　获取帮助

如果需要获得 Python 中有关函数或语句的快速信息,可以使用内置的 help 功能(在使用解释器提示符时十分有用)。例如,运行 help ('len') 命令,将显示有关 len 函数的帮助信息,此时可以了解它是用来计算项目数量的。

小贴士: 按下 Q 键可以退出帮助。

Python 解释器常用知识如图 2.9 所示。

图 2.9　Python 解释器常用知识

训练题 2

1. 单选题

（1）关于 Python 软件，下列说法正确的是（   ）。

    A. 在官方网站下载需要付费才能正常使用   B. 它是开源免费软件

    C. 这是一款国产的公益系统软件   D. 它是一款盗版软件

（2）下列文件是 Python 源代码程序文件的是（   ）。

    A. 游戏 1.py   B. 游戏 1.TXT   C. 游戏 1.EXE   D. python.exe

（3）在 Python 解释器提示符 >>> 下，能正确输出"Python 欢迎你！"的语句是（   ）。

    A. Print（'Python 欢迎你！'）   B. print（Python 欢迎你！）

    C. PRINT（"Python 欢迎你！"）   D. print（"Python 欢迎你！"）

2. 做中学 学中做：初探 Python 解释器

结合实际操作与图 2.10，完成下列选择题。

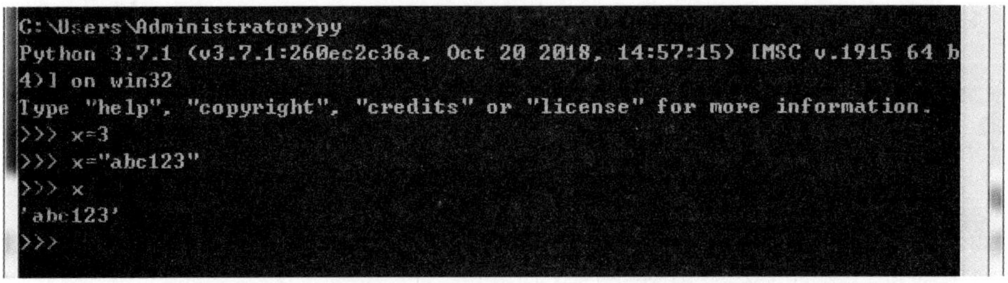

图 2.10　初探 Python 解释器

（1）在 Windows 系统运行栏中输入"CMD"，将进入 DOS（磁盘操作系统）命令行方式，再输入"py"或"Python"，回车后显示图 2.10 所示提示信息，可以得出两个结论：① 在 DOS 下命令不区分大小写；② Python 已经成功安装在这台计算机上。上述说法是否正确（   ）。

    A. 是   B. 否

（2）结合图 2.10 和操作实践，判断下列关于 Python 的说法正确的是（   ）。

    A. 编译型语言，变量数据类型不可变

    B. 解释型语言，变量数据类型动态变化

    C. 机器语言，变量数据类型动态变化

    D. 高级语言，变量数据类型不可变

（3）在 Python 解释器提示符 >>> 后输入（   ），能够获取关键词 input 的帮助信息。

    A. Help（'input'）   B. help（"input"）

C. help（'Input'） D. hElp（input）

（4）在提示符 >>> 后输入"3/2"回车后会输出（　　）。

A. 3/2 　　B. 1 　　C. 1.5 　　D. 错误提示

（5）在进入 Python 解释器提示符 >>>后，能正确退出 Python 解释器环境的命令是（　　）。

A. Exit 　　B. QUIT 　　C. Exit() 　　D. quit()

3．操作实践

Python 语言的加、减、乘、除、乘方运算符分别是+、-、*、/、**。请完成下列操作实践任务：

（1）在 Python 解释器交互模式下计算输出圆的面积 S 和周长 C。设半径 r=234，圆周率 PI=3.14。

（2）在 Python 解释器交互模式下计算出"2 的 100 次方减 1"的结果。

（3）用 Windows 的记事本程序编写你的第一个 Python 程序文件，使之运行时输出"我要学 Python！"

学后反思

请梳理本章涉及知识要点，你认为什么方法或策略是学会本章内容的关键？还需要老师提供何种帮助？

第 3 章　Python 编程基础

通过前一章的学习，我们已完成 Python 编程环境的搭建，以及如何在 Python 交互模式下编写并执行代码等基础知识。从本章开始，将正式开始学习 Python，体验 Python 给我们带来的快乐。本章将介绍 Python 语法特点、变量、基本数据类型、运算符与表达式、程序流程控制等基础知识。

3.1　语法特点

3.1.1　Python 的编程模式

1. 交互模式

交互模式是指在 Python 解释器提示符 >>> 后面直接编写代码的模式，例如：

```
>>>print('我爱 Python!')      #打印输出
我爱 Python!                   #输出结果
```

Python 交互模式需要注意以下几点：

（1）在 Python 交互模式下输入 Python 代码，不要输入系统（DOS）命令。

（2）在交互模式下打印语句 print 不是必需的。在交互模式下可以不输入打印语句，解释器会自动打印表达式的结果，但是在".py"脚本文件中则需要写 print 语句来输出结果。

（3）当在交互模式下输入两行或多行复合语句时，提示符会由>>>变成…（或空白），如果要结束复合语句的输入，需要连续按下两次 Enter 键。

（4）交互模式下一次运行一条语句，当想测试某一条命令时，交互模式是一个很好的选择，按下回车键即可看到执行结果，非常方便。

说明：可以在一行上书写多条语句，也可以把一条语句写在多行上。

在同一行书写多条语句时，使用分号";"隔开这些语句，例如：

```
>>> print ('hello');print ('good morning')
```

如果语句很长，可以使用反斜杠"\"来实现续行书写，例如：

```
>>>print('made \
in china')
```

2. 脚本模式

脚本模式是指利用前面的 IDE（集成开发环境）编程工具，把 Python 程序代码以文件形式（.py 为扩展名）保存，然后以"python 脚本文件名"或"py 脚本文件名"的形式运行程序的模式。

一个程序一般都由多行命令组成，适合用文本编辑器编写脚本文件并保存。通常用 Python 专用 IDE 来编写程序。下面是 Python 自带的编辑器 IDLE 的使用简介。

在 Windows 下启动 IDLE 后，默认进入交互模式，可以直接使用 Python 命令进行交互式操作，如图 3.1 所示。

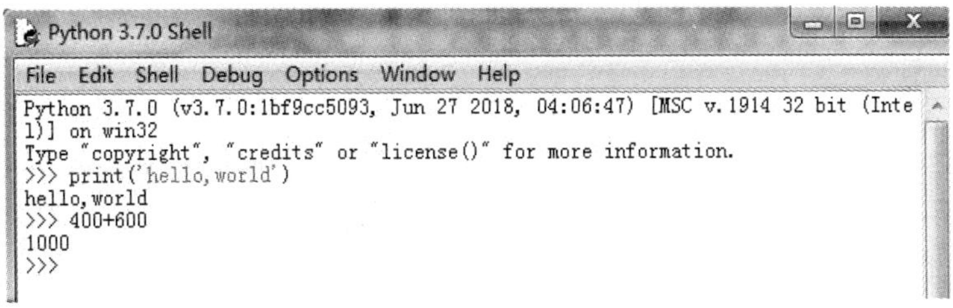

图 3.1　IDLE 交互模式窗口

通过 IDLE 的"File"菜单选择"New File"，或者按下 Ctrl+N 快捷键，可以进入脚本模式编写程序代码。当完成编辑后，保存文件，执行"Run"菜单中的"RunModule"菜单项或者按 F5 键运行程序，如图 3.2 所示。

图 3.2　IDLE 脚本编辑模式

3.1.2　标识符与保留字

1. 标识符

标识符是对象的名字，如变量、函数的名字等，用于区分各个不同的对象。与人的名字一样，通过人名就能找到这个人。

在 Python 中，对标识符命名需要遵循的规则和规范：

（1）标识符可以包含字母、数字及下划线"_"，不能包含特殊字符，如$、%、@等；

（2）第一个字符不能是数字；

（3）字母区分大小写；

（4）以单下划线（_）开头、双下划线（__）开头的标识符在类中有特殊的意义，一般情况不建议使用；

（5）标识符不能是保留字。

标识符尽量能"望文知义"，例如：name、my_age、num1、One 是有效的标识符，而 3name、my$age、for 是无效的标识符。

2. 保留字

保留字是一些具有特殊意义的字母组合，如 if、and、for 等，不能把这些保留字作为对象的名字。截至版本 3.7，Python 共定义了 33 个保留字，见表 3.1。

表 3.1　Python 的保留字

and	as	assert	break	class	continue
def	del	elif	else	except	finally
for	from	False	global	if	import
in	is	lambda	nonlocal	not	None
or	pass	raise	return	try	True
while	with	yield			

这些保留字中含大写字母的只有 True、False、None，其他全为小写字母。由于 Python 区分大小写，in 和 IN 是不一样的，IN 不是保留字。如果需要查看有哪些保留字，可以使用如下语句查看：

```
>>>import keyword
>>>keyword.kwlist
['False','None','True','and','as','assert','break','class',
'continue','def','del','elif','else','except','finally','for',
'from','global','if','import','in','is','lambda','nonlocal','n
ot','or','pass','raise','return','try','while','with','yield']
```

3.1.3　缩进与注释

1. 缩　进

什么叫缩进？在写文章时往往一个段落的第一行要空 2 个空格，这 2 个空格就叫作缩进。Python 对代码的缩进有非常严格的要求，同一代码块必须具有相同的缩进量，否则程序不能运行。例如：

```
>>>i = 6
>>> 　print('i的值是：',i)
```

当运行上述程序代码时，将得到如下错误：

```
IndentationError: unexpected indent
```

在上面的代码中，print 前面有空格，所以 Python 解释器会抛出"意外缩进"的错误提示信息。

2. 注　释

在实际开发中，一个文件中的代码往往会很多，功能各异，时间久了，程序员自己再阅读这些代码也很困难。在团队开发中，程序员之间相互交换阅读代码也是必要的。为了让他人和自己了解代码实现的功能，就需要写注释。注释的内容会被解释器忽略，视而不见。Python 有两种方式写注释，分别是单行注释和多行注释。

单行注释：使用#作为单行注释的符号，以#开始直到行尾为止的所有内容都是注释的内容。

多行注释：使用成对的三个单引号（'''）或者三个双引号（"""）包裹的所有内容为多行注释的内容。例如：

```
"""
作者：XXXXX
设计日期：2018-09-01
版权所有：XXX@2022
"""
```

在 Python 的 IDLE 中：

（1）单行注释的快捷方式：选择需要注释的代码，按 Alt+3 快捷键可增加注释，按 Alt+4 快捷键可取消注释。

（2）多行注释实质是一个字符串，如果该字符串在当前语义中被引用，就不再是注释了。

3.2　基本数据类型

3.2.1　数　值

数值类型是指表示大小、多少等的计量。Python 中数字类型主要包括整数、浮点数和复数。

1. 整　数

整数包括正整数、0、负整数，没有位数限制，可以用十进制、二进制、八进制、十六进制的形式表示。用十进制数表示时不能以 0 开头。

二进制以 0b 或 0B 开头，八进制以 0o 或 0O 开头，十六进制以 0x 或 0X 开头。

例如，0b1001011、0B111000111 表示二进制数；0o345670、0O54332 表示八进制数；0x34AE32、0X76fB 表示十六进制数。

实践：请在 Python 的交互模式下运行以下代码。

```
>>>a = 0b111111000111
```

```
>>>print(a)                    #输出：4039
```

说明：默认是以十进制的形式输出，如果需要以其他进制输出，可以使用如下语句：

```
>>>a = 100
>>>print("%x,%o,%d,%s"%(a,a,a,bin(a)))
```

这里 x、o、d、s 分别表示十六进制、八进制、十进制、字符串格式。由于字符串格式化代码没有提供二进制格式，这里使用了 bin( )函数先把数值转换为二进制后再以字符串的格式输出。

2. 浮点数

浮点数是指带小数点的数，如 3.11、2.0、3.15。浮点数的位数没有限制，可以用科学记数法表示，如 4.5×10^3 可写成 4.5e3，e 后面的数字只能是整数，不能是浮点数。对于非常大的数或非常小的数用科学记数法表示很方便。

3. 复　　数

在形式上，Python 中的复数与数学中的复数完全一样，只是虚部使用 j（或 J）而不使用 i，如 2+3j。

3.2.2　字符串

字符串（String）是一串字符的序列。在 Python 中，字符串要用一对引号括起，例如'我爱 Python'或'Quote me on this'。

单引号与双引号的工作机制完全相同，但不能是中文标点，所有 Python 语句中的标点符号都必须是英文标点。

单行字符串可以用单引号或双引号括起。如果是多行字符串，需使用二个引号"""或'''括起来。可以在三个引号之间书写任何字符，例如：

```
'''   这是三个引号的第一行
         春晓
      作者：孟浩然
春眠不觉晓，处处闻啼鸟。
夜来风雨声，花落知多少。
'''
```

小贴士：在字符串中，有时需要表示一些特殊的控制字符，如换行、Tab 制表符、引号、退格键等，这些字符不能直接输入，只能使用一些特殊字符代替。Python 使用反斜杠"\"加一些特殊字符进行转义。常用转义字符见表 3.2。

表 3.2　常用转义字符

转义字符	描述	转义字符	描述
\	续行	\n	换行
\\	反斜杠\	\'	单引号
\"	双引号	\a	响铃
\b	退格	\0	空白
\t	水平制表符	\v	垂直制表符
\f	换页	\r	回车
\odd	八进制数，dd 代表字符	\xhh	十六进制数，hh 代表字符

说明：如果字符串本身需要有类似于"\t"这样的内容，即使"\t"不进行转义，只要在字符串前面加上 r（或 R）即可。

```
>>>a=r'aaa\tbbb'
>>>print(a)
aaa\tbbb
```

3.2.3　布尔型及其他数据类型

布尔类型用来表示"真"和"假"，分别用标识符 True 和 False 表示。布尔值也可以转换为数值，True 表示 1，False 表示 0。反过来，0 表示 False，非 0 数表示 True。

任何编程语言都需要存储、处理各种数据类型（Data Type），这里介绍了基本的类型，如数值与字符串。在后面的章节中，将会介绍更多的数据类型，如图 3.3 所示。其中数值、布尔、元组、字符串为不可变数据类型，列表、字典、集合为可变数据类型。

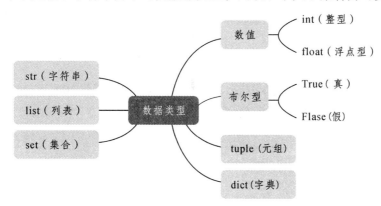

图 3.3　Python 的数据类型

Python 还提供了 NoneType，即空类型，表示"什么都没有"，用 None 表示，既不表示空白字符，也不表示数值 0。

19

3.3 变量与表达式

3.3.1 常量与变量

1. 常量

常量是指如 2、1.23 这样的数字，或者是如 This is a string 这样的一串文本。

用这样的称呼是因为它们是字面上的意义，用的就是它字面意义上的值或是内容。例如，数字 2 表示它本身而非其他含义，因为它的值不能被改变，所以被称作常量。

2. 变量

只使用字面常量往往无法满足实际需求，我们需要一些能够存储任何信息并且也能操纵它们的方式，这便是变量。正如其名，变量的值是可以变化的，也就是说，可以用变量来存储任何东西。变量只是计算机内存中用以存储信息的一部分，与常量不同，需要通过一些方式来访问这些变量，因此需要为它们命名。

小贴士：变量的命名规则参见标识符。由于 Python 中的变量是一种指向，存储的是对象的内存地址，在不同时刻可以指向不同对象，所以不需要声明变量的类型。在访问变量时，该变量必须是存在的。如果需要查看变量的类型，可以使用内置函数 type（变量名）；如果需要查看变量的内存地址，可以使用 id（变量名）。

在 Python 的交互模式下操作实践：

```
>>> a=100
>>> type(a)
<class 'int'>
>>> a="ab123"
>>> type(a)
<class 'str'>
```

说明：变量 a 不需要声明它是什么数据类型，开始赋值整数 100，它就是整型（int），后来又给它赋值字符串"ab123"数据，它就成了字符串类型（str），所以说 Python 是动态数据类型的语言。

3.3.2 表达式

表达式与数学中的代数式类似，是指由变量和运算符号组合而成的式子。特别地，单独的一个值或单独的变量也是一个表达式。表达式中不能含有"="。

例如，3、a、a+b、int（'3'）+8、a>b、a and b、(c==1) or (d is e)都是表达式。a=3+5不是表达式，它是一条赋值语句，表示将 3+5 的和赋值给变量 a。

小贴士：Python 支持多变量赋值，即在一个语句中，支持对多个变量同时赋值，例如：

```
>>> a,b,c = 4,8,'John'
```

相当于执行 a = 4，b = 8，c = 'John' 三条语句，采用这种方式赋值时，要注意的是左边变量的个数要与右边值的个数（或解包后值的个数）相等。

3.4 运算符

在表达式"1+2"中，+叫作运算符，1、2 叫作操作数。运算符的意义是规定操作数的运算规则。Python 中的运算符主要包括算术运算符、赋值运算符、关系运算符、逻辑运算符、位运算符。

3.4.1 算术运算符与赋值运算符

1. 算术运算符

算术运算符实例见表 3.3。

表 3.3 算术运算符实例

运算符	描述	实例
+	两个对象相加	a + b 输出结果 6
-	得到负数或是一个数减去另一个数	a - b 输出结果-2
*	两个数相乘或是返回一个被重复若干次的字符串	a * b 输出结果 8
/	两个数相除	a / b 输出结果 0.5
%	除法的余数	a %b 输出结果 2
**	幂运算	a**b 为 2 的 4 次方，输出结果 16
//	商的整数部分	7//2 输出结果 3，7.4//2 输出结果 3.0

注：实例中，a = 2，b = 4。

2. 赋值运算符

赋值运算符实例见表 3.4。

表 3.4　赋值运算符实例

运算符	描述	实例
=	简单的赋值运算符	c = a + b，将 a + b 的运算结果赋值给 c
+=	加法赋值运算符	c += a 等价于 c = c + a
-=	减法赋值运算符	c -= a 等价于 c = c - a
*=	乘法赋值运算符	c *= a 等价于 c = c * a
/=	除法赋值运算符	c /= a 等价于 c = c / a
%=	取模赋值运算符	c %= a 等价于 c = c % a
**=	幂赋值运算符	c **= a 等价于 c = c ** a
//=	取整除赋值运算符	c //= a 等价于 c = c // a

3.4.2　逻辑运算符及其他运算符

1. 逻辑运算符

逻辑运算符实例见表 3.5。

表 3.5　逻辑运算符实例

运算符	描述	实例
and	如果 a 为 False，返回 False，否则返回 b 的值	a and b
or	如果 a 为 True，返回 True，否则返回 b 的值	a or b
not	如果 a 为 True，返回 False，否则返回 True	not a

可以使用内置函数 bool（参数）将参数转换为布尔值，参数可以是一个复杂的表达式。

请在 Python 交互模式下运行以下代码。

```
>>>bool(1)
>>>bool(None)
>>>bool(3>=4)
>>>3 and 8
>>>bool(3 and 8)
>>>0 or 5
```

2. 关系运算符

关系运算符实例见表 3.6。

表 3.6　关系运算符实例

运算符	描述	实例
==	比较对象是否相等	(a == b) 返回 False
!=	比较两个对象是否不相等	(a != b) 返回 True
>	比较 a 是否大于 b	(a > b) 返回 False
<	比较 a 是否小于 b	(a < b) 返回 True
>=	比较 a 是否大于或等于 b	(a >= b) 返回 False
<=	比较 a 是否小于或等于 b	(a <= b) 返回 True

注：实例中，a = 2，b = 4。

3. 位运算符

Python 中，位运算符是指对操作数的二进制位进行操作的运算符。其操作数只能是整数，运算规则见表 3.7。

表 3.7　位运算符实例

运算符	描述	实例
&	按位与运算符：如果参与运算的两个值的相应位都为 1，则结果为 1，否则为 0	(a & b) 的值为 $(0000\ 1100)_2$ 或 $(12)_{10}$
|	按位或运算符：只要对应的两个二进位有一个为 1 时，结果位就为 1	(a | b) 的值为 $(0011\ 1101)_2$ 或 $(61)_{10}$
^	按位异或运算符：当两对应的二进位相异时，结果为 1	(a ^ b) 的值为 $(0011\ 0001)_2$ 或 $(49)_{10}$
~	按位取反运算符：对数据的每个二进制位取反，即把 1 变为 0，把 0 变为 1	(~a) 的值为 $(1100\ 0011)_2$ 或 $(-61)_{10}$
<<	左移运算符：对操作数的二进制位全部左移若干位，由<<右边的数字指定移动的位数，高位丢弃，低位补 0	a << 2 的值为 $(1111\ 0000)_2$ 或 $(240)_{10}$
>>	右移运算符：对操作数的二进制位（除符号位外）全部右移若干位，由>>右边的数字指定移动的位数，符号位不变，高位补 0	a >> 2 的值为 $(0000\ 1111)_2$ 或 $(15)_{10}$

注：实例中，a = 60，b = 13。二进制形式：a = $(0011\ 1100)_2$，b = $(0000\ 1101)_2$。

实践： 请在 Python 交互模式下运行以下代码。

```
>>>2<<2              #输出 8
>>>2<<4              #输出 32
>>>9>>2              #输出 2
```

```
>>>9>>1                           #输出 1
>>>6^5                            #输出 3
>>>3^5                            #输出 6
```

请总结<<、>>、^的运算规律。如果你与你的朋友想说"暗语",可以怎么做呢?

4. 成员运算符

成员运算符是判断 1 个对象是不是某个序列中的元素的运算符。例如:集合 A={1, 2, 3, 4},判断 1 在 A 中吗?就可以使用 1 in A 进行判断。

成员运算符实例见表 3.8。

表 3.8　成员运算符实例

运算符	描述	实例
in	如果在指定的序列中找到值返回 True,否则返回 False	x in y,如果 x 在序列 y 中返回 True,否则返回 False
not in	如果在指定的序列中没有找到值返回 True,否则返回 False	x not in y,如果 x 不在序列 y 中返回 True,否则返回 False

5. 身份运算符

身份运算符是判断两个对象是不是同一个对象的运算符。身份运算符实例见表 3.9。

表 3.9　身份运算符实例

运算符	描述	实例
is	is 是判断两个对象是不是指向同一个对象	x is y,等价于 id(x) == id(y),如果指向的是同一个对象则返回 True,否则返回 False
is not	is not 是判断两个对象是不是指向不同对象	x is not y,等价于 id(x) != id(y)。如果指向的不是同一个对象则返回 True,否则返回 False

实践:请在 Python 的交互模式下运行以下代码。

```
>>>a = 300
>>>b = 300
>>>a is b                         #输出 False
>>>a == b                         #输出 True
>>>c=d=300
>>>c is d                         #输出 True
```

小贴士:① ==比较值是否相等,is 比较内存地址是否相等;② 如果需要查看对象的内存地址,可以使用内置函数 id(对象)获取。

6. 运算符的优先级

运算符的优先级是指在一个式子中，如果有多个运算符，哪个运算符先运算，哪个后运算。与数学中的"先乘除，后加减"是一样的。表 3.10 列出了从高到低优先级的所有运算符。

表 3.10　运算符的优先级

运算符	描述
**	指数（最高优先级）
~、+、-	取反、正号、负号
*、/、%、//	乘、除、取模、整除
+、-	加法减法
>>、<<	右移、左移运算符
&	按位与运算符
^、|	按位异或运算符、按位或运算符
<=、<、>、>=、==、!=	比较运算符
=、%=、/=、//=、-=、+=、*=、**=	赋值运算符
is、is not	身份运算符
in、not in	成员运算符
not、and、or	逻辑运算符

运算符的运算规则是：优先级高的先执行，优先级低的后执行，同一优先级的按照从左到右的顺序执行。例如：2+3**6//2%3，由于**的优先级最高，先执行，表达式转变为 2+729//2%3；//和%具有相同优先级，先执行//，表达式转变为 2+364%3；%的优先级高于+，先执行，表达式转变为 2+1；最后执行+，结果为 3。

实际上，无须记住这些运算符的优先级，因为可以使用（）来改变运算顺序，从而避免发生逻辑错误。如上面这个表达式可以写成：2+(((3**6)//2)%3)。

3.5　流程控制

通俗地说，算法是解决某一问题的方法和步骤。算法的描述很多，主要有自然语言、流程图和伪代码三种。一个算法必须具有在有限步骤、有限时间内实现，而且步骤的表述都应该是确定的、没有歧义的特征。计算机在解决某个具体问题时，主要有三种情形：顺序执行所有语句、选择执行部分语句、循环执行部分语句。事实证明，任何一个能用计算机解决的问题，都可运用这三种基本结构或它们组合来编写程序。正如被誉为"计算机科学之父"的图灵所言：计算的本质是机械运动。

3.5.1 顺序结构

顺序结构是最简单的程序结构，也是最常用的程序结构，只要按照解决问题的顺序写出相应的语句就行。它的执行顺序是从左到右、自上而下，依次执行。

程序的规模有大有小，无论程序的规模如何，每个程序都有统一的运算模式：输入数据、处理数据和输出数据，即IPO(Input Process Output)方法。IPO不仅是程序设计的基本方法，也是描述计算问题的方式。

【例3.1】从键盘上输入一串字母，然后将小写字母转换成大写字母输出。

设计算法：

流程图如图3.4所示。

程序代码如下：

```
x = input()
x = x.upper()
print(x)
```

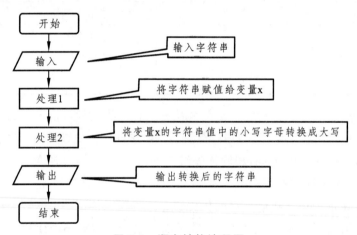

图 3.4　顺序结构流程图

【例3.2】假设每个摄像头都是720p（1280×720像素，24位色）的高清摄像头，按25FPS（帧每秒）拍摄，编程输出一天产生的数据量。

输入格式：

请输入摄像头：n（整数）。

输出格式：

一天产生的数据量为：mGB（m保留1位小数）。

分析问题：由于每张图像占1280*720*24（二进制位），每秒拍摄25张图像，一天等于24 h，所以，一天产生的数据量=24*60*60*25*1280*720*24（二进制位）。又因为1B（字节）=8 b（二进制位），1 KB=1024 B，1 MB=1024 KB，1 GB=1024 MB。假设摄

26

像头数为 n, 那么校园摄像头一天产生的数据量 Data 的解析式为

Data = n*24*60*60*25*1280*720*24/8/1024/1024/1024（GB）

设计算法（自然语言）：

第一步：输入摄像头数。

第二步：计算一天产生的数据量。

第三步：输出一天产生的数据量。

编写程序：

```
n = int(input("请输入摄像头数："))
Data = n*24*60*60*25*1280*720*24/8/1024/1024/1024
print("一天产生的数据量为：%.1f GB"%Data)
```

程序运行结果如图 3.5 所示。

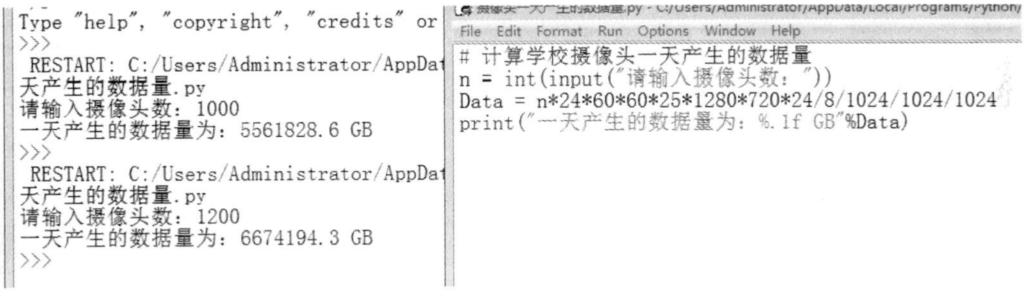

```
Type "help", "copyright", "credits" or
>>>
  RESTART: C:/Users/Administrator/AppDat
天产生的数据量.py
请输入摄像头数：1000
一天产生的数据量为：5561828.6 GB
>>>
  RESTART: C:/Users/Administrator/AppDat
天产生的数据量.py
请输入摄像头数：1200
一天产生的数据量为：6674194.3 GB
>>>
```

```
摄像头一天产生的数据量.py - C:/Users/Administrator/AppData/Local/Programs/Python/
File  Edit  Format  Run  Options  Window  Help
# 计算学校摄像头一天产生的数据量
n = int(input("请输入摄像头数："))
Data = n*24*60*60*25*1280*720*24/8/1024/1024/1024
print("一天产生的数据量为：%.1f GB"%Data)
```

图 3.5　程序调试运行截图

这种用已知量的表达式来求某个未知量的算法，称为解析法。

3.5.2　选择结构

选择结构用于判断给定的条件，进而控制程序的流程。它会根据某个特定的条件进行判断后，选择其中一个分支去执行。

1. if 语句

if 语句的语法格式：

```
if  表达式：
    语句块
```

当条件表达式的值为 True 时，则执行语句块，如果值为 False，则不执行语句块，流程图如图 3.6 所示。注意：一是表达式后面需要一个 "："；二是语句块中的每条语句需要具有相同的缩进量，缩进量的规范是相对于前面 if 的位置缩进 4 个空格。

图 3.6　选择结构流程图

【例 3.3】分析、实践、比较下面两段代码的执行结果。

代码 1：

```
age = 16
if age > 18:
    print('你是成年人')
    print('你还不是成年人')
```

代码 2：

```
age = 16
if age > 18:
    print('你是成年人')
print('你还不是成年人')
```

说明：在前面的叙述中，"表达式的值为 True"是指表达式的值可以通过 bool( ) 函数转换为 True。后面凡是说"表达式的值为 True"都与此类似，不再赘述。

2. if…else 语句

if…else 语句语法格式：

```
if 表达式:
    语句块 1
else:
    语句块 2
```

这种结构是一种二选一的结构，流程图如图 3.7 所示。根据表达式的值，如果值为 True，程序执行语句块 1，否则执行语句块 2。它相当于汉语中的"如果……就……，否则……就……"语句。

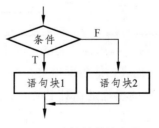

图 3.7　选择结构流程图

【例 3.4】假设某年高考二本划线 500 分，请编写一段代码判断某个学生是否能上二本。程序代码如下：

```
score = int(input('请输入学生成绩：'))
if score >= 500:
    print('能上二本')
else:
    print('不能上二本')
```

知识拓展： 如果语句块中只有一条语句，可以直接书写在 ":" 的后面。例如，可将上面代码的判断部分改写成（为了代码的可读性，并不推荐这样做）：

```
if score >=500: print('能上二本')
else: print('不能上二本')
```

3. if…elif…else 语句

if…elif…else 语句的语法格式：

```
if 表达式1:
    语句块1
elif 表达式2:
    语句块2
    ......
else:
    语句块 N
```

这种结构是一种多选一的结构，流程图如图 3.8 所示。其执行逻辑是首先判断表达式 1 的值，如果为 True 则执行语句块 1，如果为 False 则判断表达式 2 的值，如果为 True 则执行语句块 2，如此继续……在这个过程中，一旦某个表达式的值为 True，在执行后面语句块后，就不再判断后面的所有表达式。只有当所有表达式的值都为 False 时才执行 else 后面的语句块。

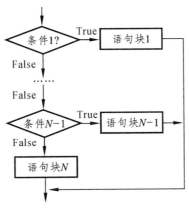

图 3.8　多分支选择结构流程图

【例 3.5】判断学生成绩的等级，规则是：成绩小于 60 分为不合格，大于或等于 60 分小于 70 分为合格，大于或等于 70 分小于 80 分为良好，大于 80 分为优秀。程序代码如下：

```
score = int(input('请输入学生成绩(整数)：'))
if score < 60:
    print('不合格')
elif score>=60 and score <70:
    print('合格')
elif score>=70 and score <80:
    print('良好')
else:
    print('优秀')
```

如果将上面这段代码改写为：

```
score = int(input('请输入学生成绩(整数)：'))
if scroe < 60:
    print('不合格')
elif score <70:
    print('合格')
elif score <80:
    print('良好')
else:
    print('优秀')
```

代码中的表达式并没有严格按规则书写，请仔细想想这段代码能判断正确吗？为什么？

4. if 语句的嵌套语法格式

if 语句的嵌套是指在 if 语句的语句块中，还可以包含一个或多个 if 语句。

```
if 表达式 1:
    if 表达式 2:
        语句块 1
    else:
        语句块 2
elif 表达式 3:
    语句块 3
```

嵌套是计算思维的核心思想之一。很多复杂问题的解决，都是通过嵌套化繁为简的。理解嵌套结构只需把里面的 if 语句当成是一条语句即可。虽然在 Python 中对嵌套的层数没有限制，但如果层数过多会对理解代码的执行逻辑带来困难，建议不要嵌套较多的层数。需要注意的是，不同级别语句块的缩进量不同。

【例 3.6】高校自主招生政策的不断完善，为一些具有特长的学生进入理想高校拓宽了渠道，如 2016 年参加"全国青少年信息学奥林匹克竞赛"获得省级一等奖，中国人民公安大学降至投档线下 30 分录取，南开大学降至投档线下 40 分录取。假设 2016 年中国人民公安大学的投档线是 530 分，南开大学的投档线是 600 分。请编写一段代码判断一个学生可以被哪些高校通过自主招生渠道录取。

输入要求：从键盘输入学生高考成绩和是否获得省级一等奖（用空格隔开）

输入样例：　580　已获得　　　输出样例：　中国人民公安大学　南开大学

输入样例：　590　未获得　　　输出样例：　不能通过自主招生渠道录取

程序代码如下：

```python
score_str,get_str = input('请输入: ').strip().split()
score = int(score_str)
if get_str =='已获得':
    if score >=530-30:
        print('中国人民公安大学',end=' ')
    if score >=600-40:
        print('南开大学',end=' ')
else:
    print('不能通过自主招生渠道录取')
```

说明：strip()方法的作用是去掉字符串前后的空白，split()方法的作用是把字符串按指定字符进行切片，本例中为按空格切片。第 1 行的左边有两个变量，这是 Python 中多变量赋值的写法。

3.5.3　循环结构

没有人喜欢做重复、枯燥的事情，但计算机不一样，它不怕苦也不怕累，无聊的事情可以重复上千遍，直至追寻到想要的答案。这就是编程解放人类的地方。

循环结构是指在程序中需要反复执行某个或某些操作，直到条件为假或为真时才停止循环的一种程序结构。

循环语句是指控制一段代码重复执行多次的语句。

首先看一个实际生活中的情景：在体育课堂中，长跑项目通常是在学校的运动场上沿跑道奔跑，只有当听到体育老师吹口哨的声音时才能停下来，如果体育老师一直不吹口哨，将跑完一圈又一圈……

Python 中有两种方式实现这种循环结构，分别是 while 循环和 for 循环。下面分别介绍这两种循环结构。

1. while 循环

while 循环的基本语法：

```
while 表达式：
    语句块（循环体）
```

其执行逻辑是，首先判断表达式的值，如果为 True 则执行语句块，否则不执行语句块，当语句块执行完后，再次判断表达式的值，如果为 True 则执行语句块，否则不执行语句块，如此继续……流程图如图 3.9 所示。与 if 语句类似，一是表达式后面需要一个 ":"，二是语句块中的每条语句需要具有相同的缩进量，缩进量的规范是相对于前面 while 的位置缩进 4 个空格。

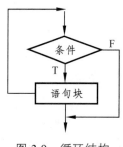

图 3.9 循环结构

【例 3.7】用 while 循环实现计算 1+2+3+4+…+100 的和。代码如下：

```
sum = 0
i = 1
while i<=100:
    sum += i
    i += 1
print(sum)
```

代码执行过程分析：1、2 行为赋值语句，当执行到第 3 行时，程序首先判断表达式 i<=100 是否为 True，由于此时 i 的值为 1，表达式 1<=100 的值为 True，执行 sum += i 和 i += 1 这两条语句，语句块执行完毕，此时 i 的值变为 2，再次判断表达式 i<=100 的值，由于表达式 2<=100 的值为 True，再次执行语句块……当执行 100 次以后，i 的值变为 101，由于表达式 101<=100 的值为 False，不再执行语句块，循环结束。

如果循环语句中表达式的值永远为 True，那么将无限次地循环执行语句块，这样的循环称为"死循环"。如果没有特别需要，不要将代码写成"死循环"。

【例 3.8】请编写程序求方程 2x+y=100 在[1，100]的整数解。

分析：一个二元一次方程的解的个数可能有很多，不能利用数学上常规的通过变形、化简来求解。只能使用枚举法逐一尝试某个组合是不是方程的解。由于计算机的运算速度很快，非常适合使用枚举法进行求解。程序代码如下：

```
x =1
```

```
while x <=100:
    y =100-2*x
    if 1<=y<=100:
        print("x={},y={}".format(x,y))
    x +=1
```

知识拓展：Python 的 while 循环支持 else 关键字。语法格式：

```
while 表达式:
    语句块 1
else:
    语句块 2
```

执行逻辑是：先执行完语句块 1，再执行语句块 2。需要注意两点：一是语句块 2 是否被执行与表达式的值无关；二是当在语句块 1 中使用 break 关键字终止循环时，语句块 2 不会被执行。

2. for 循环

for 循环的基本语法：

```
for 变量 in 对象:
        语句块（循环体）
```

对象是指有一个或多个元素的序列，如字符串以及后面将要介绍的列表、元组、集合、字典等对象。其执行逻辑是首先从对象中取出第一个元素赋值给变量，执行语句块，然后从对象中取出第二个元素，再执行语句块……直到取完对象中的所有元素时为止。与 while 循环类似，语句块也需要缩进。下面看一个打印字符串中每个字符的例子。

```
sentence = "I am a student"
for ch in sentence:
    print(ch,end=', ')
```

将输出：

I, ,a, m, ,a, ,s, t, u, d, e, n, t,

在编程活动中把对一个对象中的每个元素进行一次且仅做一次的访问称为遍历。for 循环非常适合对对象进行遍历。

range( ) 函数介绍：range( ) 函数是 Python 的内置函数，其作用是生成一个整数迭代器，经常用于 for 循环中。语法格式：

```
range(start,end,step)
```

start：起始值，默认值为 0。

end：终止值，但不包括这个值。

step：步长（两个数之间的间隔），默认值为 1。

33

说明：除参数 end 外，其他参数都可以省略，参数的个数可能有 1 个或 2 个或 3 个。

```
range(10)        #只有 1 个参数时，这个参数 10 表示 end
range(2,10)      #只有 2 个参数时，第 1 个参数表示 start，第 2 个参数表示 end
range(1,100,2)   #同时有 3 个参数时，分别表示 start、end、step
```

例如：

range(5)将产生一个元素为 0, 1, 2, 3, 4 的 range 对象。

range(2, 10)将产生一个元素为 2, 3, 4, 5, 6, 7, 8, 9 的 range 对象。

range(2, 10, 2)将产生一个元素为 2, 4, 6, 8 的 range 对象。

【例 3.9】请使用 for 循环实现 1+2+3+4+…+100 的和。代码如下：

```
sum = 0
for i in range(1,101):
    sum +=i
print(sum)
```

知识拓展：for 循环也支持 else 关键字。语法格式：

```
for 表达式:
    语句块 1
else:
    语句块 2
```

其执行逻辑与 while 循环完全相同。

3. 循环嵌套

与 if 嵌套类似，也可以在循环体中嵌入另外一个循环，称为循环嵌套。while 循环和 for 循环可以相互嵌套。下面用一个简单例子说明。

【例 3.10】打印九九乘法表。输出格式：

$1 \times 1 = 1$

$1 \times 2 = 2$　　$2 \times 2 = 4$

$1 \times 3 = 3$　　$2 \times 3 = 6$　　$3 \times 3 = 9$

……

$1 \times 9 = 3$　　$2 \times 9 = 18$　　$3 \times 9 = 27$　　$4 \times 9 = 36$ ……

分析：仔细观察九九乘法表的结构，可以发现一共有 9 行，并且每行式子的个数与行号相等。我们用 n 表示行号，范围是[1,9]，m 表示每行式子的个数，范围是[1,n]；再观察每个式子，被乘数的变化规律是从 1 到行号，即[1,n]，乘数都是行号，即通式为 $m \times n$。于是可写出如下的循环嵌套程序代码：

```
for n in range(1,10):                    #控制行数
    for m in range (1,n+1):              #控制每行式子的个数
```

```
        print("{}×{}={}".format(m,n,m*n),end='   ')    #不换行
    print()
```

在这段代码中，第 3 行代码的 print 语句一共执行了 1+2+3+…+9=45 次，你知道为什么吗？

4. break 和 continue 语句

break 意为打破、中断，continue 意为继续。在 Python 中这两个关键字都是用于改变循环体中语句执行顺序的。break 用于终止当前循环过程，continue 用于忽略本次循环体中后面的语句，直接开始下一次循环。例如：

学生在运动场进行长跑比赛的过程中，因为犯规直接退出比赛，就相当于使用了 break 的作用。当跑到 1 圈半的时候，因为裁判特许直接回到起点从第 2 圈继续开始，就相当于使用了 continue 的作用。

【例 3.11】输入一个英语句子，统计字母 n 的个数，当遇到空格时终止统计。

```
sum = 0
word = input('请输入英语单词：')
for w in word:
    if w=='n':
        sum +=1
        continue
    elif w ==' ':
        break
print(sum)
```

【例 3.12】请编写一个程序找出[3,100]中的所有质数（素数）。

分析：质数的定义是，在大于 1 的自然数中，除了 1 和它本身以外不再有其他因数的数。最小的质数是 2。解决这个问题，可以划分为以下步骤。

第一步：依次取出[3,100]中的每一个数，即遍历[3,100]。

第二步：对第一步中取出的每个数（n），都进行如下操作：

分别用 2, 3, 4, …, n-1 去除 n，如果都不能整除，则这个数是质数，只要有一个数能整除 n，则这个数就不是质数。

```
for n in range(3,101):
    for m in range(2,n):
        if n % m ==0 :
            break
    else:
        print(n)
```

知识拓展：将第 2 行改为 for m in range(2, int(math.sqrt(n)) + 1): 后也能正确求解，

并且次数明显减少（int(math.sqrt(n)是对 n 的算术平方根取整，使用前需要使用 import math 语句导入 math 模块）。其理论依据是，如果一个数是合数，那么它的最小质因数一定小于或等于它的平方根。

训练题 3

1. 单选题

（1）下列属于浮点数的是（　　　）。

    A. 235　　　　　　B. 23.4E0.5　　　　C. '2.35'　　　　　D. 2+3j

（2）观察在 Python IDLE 交互模式下执行如下三行代码，输出的内容是（　　　）。

```
>>> a=2
>>> b=3
>>> print(a+b)
```

    A. 5　　　　　　　B. a+b　　　　　　C. 2+3　　　　　　D. 错误提示信息

（3）在 Python 交互模式下依次执行 a=5，a='12.33'后，这时变量 a 的数据类型是（　　　）。

    A. 整型　　　　　B. 浮点型　　　　　C. 字符串　　　　　D. 都不对

（4）下列有效的变量名是（　　　）。

    A. >name　　　　　B. name_2　　　　　C. 2a　　　　　　D. my-name

（5）若 a=5,b=2，那么 a+b+(a==b)的值是（　　　）。

    A. 7　　　　　　　B. 8　　　　　　　C. 9　　　　　　　D. 10

（6）评价一个算法的好坏，不包含（　　　）。

    A. 正确性　　　　B. 可读性　　　　　C. 高效性　　　　D. 巧妙性

（7）某景区门票免费政策是，年龄(Y)在 70 岁（含）以上的老人和 14 岁（含）以下且身高(H)在 1.4m（含）以下的儿童可以免费入园，则表示免费入园的正确表达式是（　　　）。

    A. Y>=70 or (Y<=14 or H<=1.4)　　　B. Y>=70 or (Y<=14 and H<=1.4)

    C. Y>=70 and (Y<=14 or H<=1.4)　　　D. (Y>=70 or Y<=14) and H<=1.4

（8）运行下面的程序，输出的内容是（　　　）。

```
for i in range(1,6):
    if i % 2 == 0:
        continue
    print(i)
```

    A. 1、2、3、4、5、6　　　B. 1、2、3、4、5　　　C. 1、3、5　　　D. 1

（9）某校为统计选历史学科（学科代码为：4）的人数，以便安排选课走班。现通过输入所有 n 名学生的选课情况，计算输出选历史学科的总人数。待补齐的程序代码如下：

```python
n = int(input("请输入学生总人数："))
sum = 0
for i in range(①):
    t = input("选科编号：")
    if t == "4":
        sum = ②
print("选历史学生总人数为：",sum)
```

①、②位置正确的答案是（　　　　）。

A. ①是 n，②是 sum+1　　　　　　B. ①是 n+1，②是 sum

C. ①是 n，②是 i+1　　　　　　　D. ①是 n+1，②是 t+1

2．做中学　学中做："警察抓小偷"情景问题

警察局抓了 a、b、c、d 四名盗窃嫌疑人，其中只有一人是小偷。审问记录为：

a 说："我不是小偷。"

b 说："c 是小偷。"

c 说："小偷肯定是 d。"

d 说："c 在冤枉人。"

已知：四人中三人说的是真话，一人说的是假话。

问：到底谁是小偷？

结合实际操作、信息技术知识与审问记录解答下列问题。

提示：计算机只能解决可计算的数学问题，这是计算机能力的极限。把看似不可计算的问题进行抽象建模，使问题可计算是用计算机解决问题的关键。设 x 为小偷的编号，将四名嫌疑人 a、b、c、d 分别编号为 1、2、3、4。

（1）x 的取值范围是：1、2、3、4，这个说法是否都正确（　　　　）。

　　A. 是　　　　　　　　B. 否

（2）将 a、b、c、d 的说法用 Python 表达式表示，不正确的是（　　　　）。

　　A. a 说：x != 1　　　　　B. b 说：x == 3

　　C. c 说：x = 4　　　　　　D. d 说：x != 4

（3）在 Python 语言中，下列关系式成立的是（　　　　）。

　　A. True = 1　　　　B. False = 0　　　　C. False == 0　　　　D. true == 1

（4）在 Python 语言中，逻辑值 True 和 False 可以分别用数值 1 和 0 表示，若四人只有两人说真话，则四人说话的表达式值求和应得（　　　　）。

　　A. 1　　　　　　　B. 2　　　　　　C. 3　　　　　　D. 4

（5）要使下面的程序运行时输出小偷的编号，使用 for 循环嵌套 if 判断实现自动化

（计算思维的本质：抽象+自动化），则①和②位置正确的是（   ）。

```
for x in range(①,②):
    if (x != 1)+(x == 4)+(x == 3)+(x != 4) == 3:
        print("小偷是: ",x,"号")
```

　　A. 0 和 4　　　　　B. 0 和 5　　　　　C. 1 和 4　　　　　D. 1 和 5

　　3. 编程实践

　　（1）体温监测：当用户输入数值大于或等于 37.3 时，显示"体温异常!"，否则显示"体温正常!"。

　　输入、输出样例：

　　输入体温：37.8

　　输出：体温异常!

　　（2）体重指数 BMI：国际上常用身体质量指数（BMI）来衡量肥胖。体重指数等于体重（kg）除以身高（m）的平方，BMI 分类见表 3.11。

表 3.11　BMI 分类

WHO 标准	中国参考标准	BMI 分类	发病的危险性
BMI<18.5	BMI<18.5	体重过低	低
18.5≤BMI<25	18.5≤BMI<24	正常范围	平均水平
25≤BMI<30	24≤BMI<28	肥胖前期	增加
30≤BMI<35	28≤BMI<30	Ⅰ度肥胖	中度增加
35≤BMI<40	30≤BMI<40	Ⅱ度肥胖	严重增加
BMI≥40.0	BMI≥40.0	Ⅲ度肥胖	非常严重增加

　　体重指数每增加 2，冠心病、脑卒中、缺血性脑卒中的相对危险分别增加 15.4%、6.1% 和 18.8%。一旦体重指数达到或超过 24 时，患高血压、糖尿病、冠心病和血脂异常等严重危害健康的疾病的概率会显著增加。请你根据下面的要求编程。

　　输入体重 w（kg，保留 1 位有效数字）和 h 身高（m，保留 2 位有效数字），计算出体重指数 BMI（保留 1 位有效数字），并根据中国参考标准给出分类。

　　输入格式：输入两个数 w 和 h

　　输出格式：BMI 及其分类

　　样例：

类别	输入	输出
样例 1	61.3　1.65	22.5　正常范围
样例 2	71.6　1.58	28.7　Ⅰ度肥胖

　　（3）ATM 机取款程序设计：当用户输入正确的银行卡密码（假设为：123456），要

求输入取款金额，输入金额后显示"请取出现金"；当用户输入密码不正确时，显示"密码错误!"，要求重新输入密码，如果输入 3 次错误密码，显示"银行卡被锁定，请联系管理人员"，结束程序。

输入、输出样例：

请输入密码：12378

密码错误！

请输入密码：123456

请输入取款金额：200

请取出现金：200 元

请输入密码：

（4）计算前 n 项和：分别用 for 和 while 两种语句编程计算 1+2+3+…+n 的和，其中，n 为用户输入的任意整数。

输入、输出样例：

请输入 n：100

前 n 项和为：5050

（5）购买纪念品：老师为学生购买纪念品，商店中有三种不同类型的纪念品，价格分别为 1 元、2 元、4 元，李老师计划用 101 元，且每种纪念品至少买一件，编程求出共有多少种不同的购买方案。（2021 年全国数学联赛贵州省高中数学预赛试题）

（6）折纸与珠穆朗玛试比高：假设有一张厚度为 0.03 mm 长的纸条，求：对折多少次纸条的高度可以超过珠穆朗玛峰的高度（8 848.86 m）。

学后反思

请梳理本章涉及知识要点，你认为什么方法或策略是学会本章内容的关键？还需要老师提供何种帮助？

第 4 章　Python 函数基础

程序设计语言是用于书写计算机程序的语言。每一门程序设计语言都包含数据表达与流程控制，如图 4.1 所示。

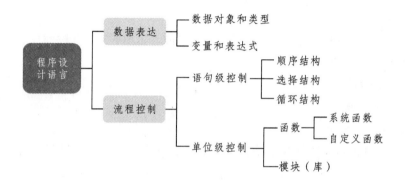

图 4.1　Python 语言构成

4.1　基本输入、输出函数

4.1.1　函　数

在计算机中，函数是能完成一定功能、可以被重复使用的代码块。1 个函数可以有 0 个或多个参数，可以有 0 个或 1 个返回值。调用函数的语法格式如下：

```
funname(para1, para2,…)
```

para1, para2,…这些用"，"分开的叫作参数。本质上，函数的功能就是将这些参数根据需要进行相应运算并返回值。我们用加工"宫保鸡丁"来打个简单比方，如鸡肉、辣椒、油、盐等叫作参数，最后炒出来的"宫保鸡丁"就类似函数的返回值。数学上的 $y = f(x)$，f 是函数，x 是参数，y 是将参数 x 根据 f 规则进行计算、变换得到的值。

一个函数的参数个数并不总是固定的，如 print( )函数，可以不传参数，也可以传 1 个或多个参数。有些函数的参数个数是固定的，如求绝对值函数 abs( )，有且只有 1 个参数。另外，并不是所有函数都有返回值，如 print( )函数只是打印信息，没有返回值。掌握函数的功能和使用方法是学好编程的关键。

4.1.2 基本输入、输出函数

程序从键盘（鼠标）读入数据、向屏幕输出信息是最基本的操作，为了方便上机实践，我们先介绍与输入、输出相关的基本函数。

1. input( )函数

功能：接收用户的键盘输入，返回字符串。语法格式如下：

```
varname = input([prompt])
```

varname：变量，以字符串类型保存输入结果。

prompt：参数，提示信息，可以省略。

在 Python 交互模式下实践体验：

```
>>>name = input('请输入你的名字：')
请输入你的名字：张三
>>>name
'张三'
```

小贴士：在介绍函数的语法时，参数中凡是用"[ ]"括起来的表示可以省略。

2. print( )函数

功能：打印输出，无返回值，语法格式如下：

```
print([*objects][,sep=' '][,end='\n'][,file=sys.stdout])
```

objects：参数，一个或多个对象，对象可以是值、变量、表达式。如果有多个变量要使用","隔开。

sep：参数，输出时多个对象之间的间隔符号，默认值是一个空格。

end：参数，结尾符号，默认是换行。

file：参数，要写入的文件对象。

在 Python 交互模式下实践体验：

```
>>>a = 3
>>>b = 12
>>>c = a+b
>>>print(a,b,c)                      #3 12 15
>>>print(a,b,c,sep=':')              #3:12:15
>>>print(a,b,c,end='。')             #3 12 15。
>>>fp = open(r'd:\test.txt','a+')    #在 d 盘上创建 test.txt 文件，r
的作用是防止字符转义
>>>print(a,b,c,file=fp)              #把数据写入缓冲区
>>>fp.close()                        #写入数据，关闭文件
>>>print(a,'+',b,'=',c)             # 3+12=15
```

```
>>>print('%d+%d=%d'%(a,b,c))          # 3+12=15
>>>print('{}+{}={}'.format(a,b,c))    # 3+12=15
```

小贴士：

（1）print( )函数不仅可以向屏幕输出数据，也可以向文件输出数据。

（2）print( )函数有两种方法实现格式化输出：

① 模式字符串：以"%"开始，一些特殊字母结束（如 d、f、s、x、r 等），中间可以是一些格式修饰符号（如+、数字等）。

② 字符串对象的格式化方法将在后续介绍。

4.2 数据类型转换与其他内置函数

尽管 Python 不需要声明变量的类型，但有时还是需要进行类型转换，比如要计算从键盘输入的两个数的和就需要使用 int( )函数进行转换，否则就会引发 TypeError 异常。

4.2.1 数据类型转换函数

1. int( )函数

功能：把一个数字或字符串转换成整数。

例：

```
>>> temp = int(3.74)      # 取整，去掉小数部分得 3，赋值给变量 temp
>>> type(temp)
<class 'int'>
>>> temp = int('456')     # 将字符串型数字"456"转换成整数后赋值给变
量 temp
>>> type(temp)
<class 'int'>
```

2. eval( )函数

功能：计算字符串表达式，并返回表达式的值。

例：

```
>>>x = 7
>>>eval( '3 * x' )
21
>>>eval('2 + 2')
4
```

3. chr( )函数

功能：将 ASCII 码转换为对应的一个字符。

例：

```
>>> chr(97)
'a'
>>> chr(65)
'A'
```

表 4.1 列出了一些常用的类型转换函数。

表 4.1　常用类型转换函数

函 数	描 述
int(x)	将 x 转换成整数类型
float(x)	将 x 转换成浮点数类型
complex(real[,imag])	创建一个复数，real 为实部，imag 为虚部
str(x)	将 x 转换成字符串
repr(x)	将 x 转换成表达式字符串
eval(str)	计算 str 中的有效 Python 表达式，并返回一个对象
chr(x)	将 ASCII 码 x 转换为对应的一个字符
ord(x)	将字符 x 转换为对应的 ASCII 码
hex(x)	将整数 x 转换为对应的十六进制字符串
oct(x)	将整数 x 转换为对应的八进制字符串

说明：Python 的每个对象都分为可变和不可变。请先记住：数字、字符串、元组是不可变的，列表、字典是可变的，详细介绍在后面章节叙述。

4.2.2　其他内置函数

前面我们使用的 print、input 这些函数，是编程语言的设计工程师为我们开发好的一些函数，我们直接调用即可，这种函数叫作内置函数。

Python 提供了许多内置函数，表 4.2 所示为 Python3.7 的内置函数。对于不同版本的 Python，可以通过 dir(__builtins__)查看具有哪些内置函数，可以通过 help（函数名）查看具体函数的使用说明。

表 4.2　Python3.7 内置函数

函数	返回值类型	函数功能
abs( )	int|float	求绝对值，若是复数则返回复数的模
all( )	bool	若所有元素为真则返回 True（非 0，非空，非 None）
any( )	bool	如果任一元素为真则返回 True
ascii( )	str	同 repr()，返回一个可打印的对象，以字符串方式表示，但非 ASCII 字符就会输出\x、\u 或\U 等字符来表示。与 Python2 版本里的 repr()是等效的函数
bin( )	str	把整数转换为二进制字符串
bool( )	bool	返回一个布尔值，内容为空时返回 False
bytearray( )		返回一个新字节数组。这个数组里的元素是可变的，并且每个元素的值的范围为：0 <= x < 256
bytes( )	bytes	将字符串转换为字节类型
callable( )	bool	检查对象是否能调用
chr( )	str	把 ASCII 码转换为字符
classmethod()		一般通过@classmethod 使用（创建类方法使用）
compile( )		将一个字符串编译为字节代码
complex( )	复数	传入实部和虚部（默认 0）来生成一个复数
delattr( )		删除属性。delattr(x, 'foobar')相当于 del x.foobar
dict( )	dict	新建字典(dict(a=10)返回{'a':10})
dir( )	list	无参数，返回当前局部名单列表。有参，试图返回该对象有效的属性列表
divmod( )	tuple	以元组的形式返回 a//b 以及 a%b
enumerate( )	iterable	枚举，默认从 0 开始（iterable：可迭代对象）
eval( )		函数将字符串 str 当成有效 Python 表达式来求值，并返回计算结果
exec( )		将字符串 str 当成有效 Python 代码来执行
filter( )	iterable	将每个值传入 fun 函数（None 保留全部）保留返回 True 的那些值
float( )	float	把字符串或者一个数转化成浮点数
format( )	str	格式化
frozenset( )	frozenset([])	返回一个冻结的集合，冻结后集合不能再添加或删除任何元素

函数	返回值类型	函数功能
getattr( )		获取对象 object 的属性或者方法，如果存在则打印出来，如果不存在则打印出默认值，默认值可选。需要注意的是，如果是返回的对象的方法，返回的是方法的内存地址，如果需要运行这个方法，可以在后面添加一对括号
globals( )	dict	以字典类型返回当前位置的全部全局变量
hasattr( )	bool	判断 obj 对象是否有 name 属性或方法
hash( )	int	获取一个对象（字符串或者数值等）的哈希值
help( )		获取帮助信息
hex( )	str	把整数转换为十六进制字符串
id( )		返回一个对象的"身份"，对象与内存的连接
input( )	str	如果提供 prompt，则会不换行地写入标准输出设备中，把输入内容读为字符串
int( )	int	截取整数部分或将 base 进制的字符串转换为十进制数
isinstance( )	bool	如果参数 object 是 classinfo 的一个实例则返回 True
issubclass( )	bool	判断参数 cls 是否是类型参数 classinfo(class 或 tuple)的子类
iter( )	iterable	创建一个迭代器
len( )	int	返回长度
list( )	list	将对象转换为列表
locals( )	dict	以字典类型返回当前位置的全部局部变量
map( )	iterable	(func, *iterables) iterables 中每个值代入 func 函数返回值生成新 iterables
max( )		返回最大值
memoryview( )		返回给定参数的内存查看对象(Momory view)
min( )		返回最小值，可输入一个 iterable 或多个值 ','隔开，可设置 key 参数
next( )		返回迭代器的下一个项目。iterator: 可迭代对象；default; 可选，用于设置在没有下一个元素时返回该默认值，如果不设置，又没有下一个元素则会触发 StopIteration 异常

函数	返回值类型	函数功能
object( )		最基本的类型
oct( )	str	把整数转换为八进制字符串
open( )		打开文件
ord(( )		把字符转换为 ASCII 码
pow( )		x 的 y 次方
print( )		sep：输出字符串之间的分隔符；end：结束符；file：字符串要发送到的位置；flush：是否立即输出
property( )		可以更好地调用类的 get、set、del 方法
range( )	iterable	([start,] stop[, step])开始值，结束值，步长
reload( )		重新加载模块(py2.x)
repr( )	str	将一个对象转成字符串显示，注意只是显示用，有些对象转成字符串没有直接的意思
reversed( )	iterable	返回一个逆置的迭代器
round( )		(number[, ndigits]) 返回浮点数 number，保留 ndigits 位小数，四舍五入的值 py3.x 取整时该函数的返回离整数两边一样近优先取偶数
set( )	set	将对象转换为集合（一个无重复项的数组，可用来去重）
setattr( )		给对象的属性赋值，若属性不存在，先创建再赋值
slice( )	切片对象	返回一个切片对象，用来实现取出第 start 到 stop 间距为 step 的元素
sorted( )	list	对 iterable 进行排序，可参考列表的 sort 方法
staticmethod( )		一般通过@staticmethod 使用（创建静态方法使用）
str( )	str	把内容转换为字符串
sum( )		元素求和
super( )	class	指向 obj 的父类
tuple( )	tuple	将对象转换为元组
type( )	type	返回独享的类型
vars( )	dict	当函数不接收参数时，其功能和 locals 函数一样，返回当前作用域内的局部变量。参数可以是模块、类、类实例，或者定义了__dict__属性的对象
zip( )	iterable	从多个 iterables 的相同位置取出元素组成元组,并汇聚成一个新 iterables

了解了某个具体函数的功能及对参数的要求后，使用形如函数名（参数 1，参数 2，…）的方式调用即可。这里需要强调的是：不需要记住每个函数对参数的具体要求，只需要大概了解这些函数都有哪些功能，在实际编写程序时查询即可。

4.3 库函数

我们有时会说"×××对象的×××方法"，如"字符串对象提供的方法"，为什么不叫"字符串对象提供的函数"呢？其实这只是一种习惯。习惯上，把与具体对象无关的称为函数，把只能作用于特定对象的称为方法。

例如，在 str = input( ).strip( ).split( )中，input( )称为函数，strip( )和 split( )都是字符串对象提供的，只能作用于字符串，strip( )、split( )就称为方法。这个语句的执行过程是：首先通过 input()函数接收用户输入的字符串对象，然后调用字符串对象的 strip( )方法去掉前后的空格，得到一个新的字符串，再调用字符串对象的 split( )方法分隔字符串，最后将结果赋值给变量 str。

Python 的功能很强大，为什么内置函数就那么几十个呢？为什么连最基本的正弦、余弦函数都没有？其实 Python 是把很多功能捆绑在了称为库（模块）的对象上面，需要通过模块来调用。在安装 Python 时已经安装的库叫作标准库，需要单独下载安装库的叫作第三方库。两者本质上没有任何差别。表 4.3 介绍三个常用标准库。

表 4.3　Python 常用标准库

数学库 math	
方法	作用
sin(弧度)、cos(弧度)	求某一弧度的正弦值、余弦值，此外还有正切、余切等
radians(角度)	将角度转化成对应的弧度
degrees(弧度)	将弧度转化成对应的角度
dist(点 p, 点 q)	获取两个点 p 和 q 之间的欧式距离，要求两个点的维度必须相同
fabs(浮点数)	返回一个数的绝对值
factorial(整数)	返回一个整数的阶乘，传递正整数，负数或小数时报错
ceil(浮点数)	对浮点数进行向上取整，结果为大于等于参数值的最小整数
floor(浮点数)	对浮点数进行向下取整，结果为小于等于参数值的最大整数
trunc(浮点数)	对浮点数截取取整，直接忽略小数部分
pow(底数，指数)	求幂，结果为底数的指数次方
log(x，底数)	返回 x 在指定底数下的对数，底数默认为自然常数 e
log2(x)、log10(x)	返回 x 分别在底数为 2 和 10 时的对数

数学库 math	
方法	作用
sqrt(浮点数)	获取浮点数的平方根
gcd(整数 x，整数 y)	获取两个整数的最大公约数
fsum(可迭代对象)	对可迭代对象中的每个元素进行求和
prod(可迭代对象)	将可迭代对象中的所有元素进行相乘
copysign(x, y)	将 y 的符号复制给 x，如果 x，y 同号，则 x 不变，否则 x = x * (-1)
随机数库 random	
方法	作用
seed()	设置随机种子，默认为当前时间戳，随机种子相同生成的随机序列相同
random()	随机生成一个[0,1)的浮点数
randint(起始，终止)	随机生成一个[起始，终止]的整数
randrange(起始,终止,步长)	从一个由 range 函数生成的整数序列中随机抽取一个整数
choice(非空序列)	从一个非空序列中随机选择一个元素
choices(非空序列，权重，累加权重，元素个数)	从一个非空序列中多次随机抽取 1 个元素，每次抽取结果独立，可设置每个元素被抽取的概率，返回结果为列表（抽取后放回）
sample(非空序列，元素个数)	从非空序列中同时随机抽取多个元素，返回结果为列表（抽取后不放回）
shuffle(可变序列)	随机打乱序列中元素的顺序，返回值为空，直接影响序列内容
uniform(起始，终止)	随机生成一个[起始，终止]的浮点数
normalvariate(均值，标准差)	随机生成一个满足指定均值和标准差的正态分布的数
时间库 time	
方法	作用
time()	返回从 1970 年 1 月 1 日到现在的秒数，返回值为浮点数
time_ns()	返回从 1970 年 1 月 1 日到现在的纳秒数，返回值为整型
localtime(时间戳)	将时间戳转化成时间元组（本地时间），时间戳默认为当前时间
gmtime(时间戳)	将时间戳转化成时间元组（世界标准时间），时间戳默认为当前时间
mktime(时间元组)	将时间元组（本地时间）转化成对应的时间戳

时间库 time	
方法	作用
asctime(时间元组)	将时间元组转化成默认的字符串格式，默认元组为当前时间
ctime(时间戳)	将时间戳转化成默认的字符串格式，时间戳默认为当前时间
strftime(格式，时间元组)	将指定的时间元组转化成相应的字符串格式，时间元组默认为当前时间
strptime(时间字符串，格式)	根据格式将时间字符串解析成时间元组格式
sleep(秒数)	程序休眠一定时间再执行后面语句，单位为秒，支持浮点数

时间格式化字符			
字符	含义	字符	含义
%Y	四位的年份	%a	星期缩写
%y	两位的年份	%A	星期全称
%m	月份，[01, 12]	%b	月份缩写
%d	日期，[01, 31]	%B	月份全称
%H	24 小时制，[00, 23]	%c	本地默认的时间日期表示
%M	分钟，[00, 59]	%I	12 小时制[01, 12]
%S	秒钟，[00, 61]	%p	AM 或 PM
%z	时区	%w	星期[0 ~ 6]，星期天为开始
%Z	当前时区的名称	%j	一年中的天数
%x	本地日期表示	%X	本地时间表示

在使用这些库时需要先导入才能使用。

例：

```
>>>import math          # 导入 math 库
>>>a = math.sin(2)      # 调用 math 库的 sin()函数求 2 弧度的正弦
>>>import time          # 导入 time 库
>>>print(time.time())       # 当前时间戳
>>>print(time.asctime())    # 默认的字符串时间
>>>import random    # 导入 random 库
>>>random.randrange(10, 21, 2)  # 随机生成 1 个[10, 20] 的偶数
>>>random.choices(range(20, 31), k=6)  # 随机生成 6 个[20, 30]
的整数，允许重复
```

一般情况下，库函数的调用格式为：模块名. 函数名（参数 1，参数 2，…）。与内置函数比较，除了前面需要指明模块名和一个点（.）外，其他完全一样。这里把点（.）

理解为"的"的意思。Python 之所以强大，原因之一是它有非常丰富的标准库和第三方库，几乎想实现的任何功能都有相应的 Python 库支持，只需要把算法想好，然后调用这些方法就可以了。当然，也可以自己开发 Python 库，开源放在 github（国外）或gitee（国内）上供大家使用。

知识链接：Python 中的模块其实就是一个 python 文件，该文件中可以定义多个类、函数、变量等。模块名称就是不包含后缀的文件名。通常同一文件内的代码具有高内聚特点，不同文件之间的代码具有低耦合特点，不同模块间可以相互调用，从而实现代码的复用。不同模块间相互调用的前提是要先导入相关内容，需借助 **import** 关键字，语法如下：

```
import 模块名              # 导入整个模块
import 模块名 as 别名       # 导入整个模块，并给模块取个别名
from 模块名 import 函数或类  # 从模块中导入某一部分内容
```

上面两种 import 语句的区别：

第一、二种 import 语句导入整个模块内的所有成员（包括变量、函数、类等）；第三种 import 语句只导入模块内的指定成员（除非使用 form 模块名 import *，但通常不推荐使用这种语法）。

4.4 自定义函数

函数（function）是所有程序设计语言的核心内容之一，在前面我们已经多次接触过 input( )、print( )等内置函数，是 Python 工程师已经编写好了，我们可以直接使用。函数的最大优点是增强了代码的重用性和可读性，能提高代码的重复利用率。我们也可根据需要自己编写函数，称为自定义函数。两者在本质是一致的，只是编写人员不一样而已。

4.4.1 自定义函数的语法

```
def functionname(parameterlist):
    ['''函数说明''']
    [函数体]
```

functionname：函数名，任何有效的 Python 标识符；

parameterlist：参数列表，如果有多个参数，参数之间用","隔开，也可以没有参数；

函数说明：对函数的描述，可以不写；

函数体：函数被调用时执行的功能代码，由一条或多条语句组成。如果只希望定义一个空函数，可以使用 pass 语句占位。

小贴士：函数说明与函数体需要有一定的缩进量，且具有相同的缩进量，否则会引发"invalid syntax"异常。

【例 4.1】定义一个对变量加 4 的函数。

```
def add(x):
    '''这个函数的功能是对变量 x 加 4'''
    x=x+4
    return x
```

在这里，def 是定义函数的关键字，凡是在定义函数的地方都需要书写，add 是函数的名称，x 是参数，语句 return x 的作用是返回 x 的值。但是，这段代码是不会被计算机执行的，因为这里只是定义而已，相当于只是制造了一个具有适当功能的工具，这个工具是否发挥作用，还需要像前面调用内置函数一样进行调用，函数才会被执行。

4.4.2　函数的调用

函数的调用很简单，使用"functionname(parameterlist)"即可。parameterlist 要与定义函数时一致。如果函数有返回值，需要使用形如"value = functionname(parameterlist)"接收函数的返回值。比如我们调用上面创建的函数，就可以使用下面的代码调用：

```
y = add(5)
```

当计算机执行完这条语句后，y 的值为 9。

4.4.3　return 语句

在函数体中使用 return 语句，可以使函数向调用语句返回值。语法格式如下：

return value

value：返回值，可以是 1 个或多个用逗号（,）隔开的值。

例：

```
def func_test(a,b):
    c=a+b
    d=a*b
    e=a/b
    f=a-b
    return c,d,e,f
```

说明：

（1）在函数体中可以有多个 return 语句；

（2）无论 return 语句在哪个位置，只要程序执行了 return 语句后，便会结束函数体中后面代码的执行，释放函数中定义的所有变量，退出函数；

（3）当返回值为多个用逗号（,）隔开的值时，Python 会把这些值先包装成元组再返回，本质上还是返回一个值；

（4）当函数体中没有 return 语句时，默认返回 None。

4.4.4　变量的作用域

Python 中，所有的变量名都会按照定义时的位置被保存在不同的区域中，这些区域称为命名空间或者作用域。作用域分为 4 种类型：局部作用域（Local）、嵌套作用域（Enclosing）、全局作用域（Global）、内置作用域（Built-in）。这 4 种作用域简称 LEGB。本节我们重点介绍局部作用域和全局作用域。

在运行函数时，函数体中定义的所有变量将构成一个局部作用域，模块（一个 py 文件）中已经执行的赋值语句，将构成一个全局作用域。

在访问变量时，搜索路径遵循 LEGB 顺序。这里的 LEGB 顺序是指从当前所处区域开始依次搜索当前区域、上一级区域……级别的优先级从高到低依次为 L、E、G、B。如果当前级别为 L，则搜索顺序为 L、E、G、B；如果当前级别为 E，则搜索顺序为 E、G、B。一旦在某个作用域搜索到变量则停止搜索，如果一直没有搜索到变量则引发"NameError"异常。

1. 局部变量

局部作用域中的变量叫作局部变量，在函数内部定义的变量都是局部变量，只在函数内部有效，在函数运行之前或在函数运行之后，这些变量都是不存在的。每个函数具有自己的作用域，因此，即使两个函数中存在名字相同的变量，也不是同一个变量。

【例 4.2】访问函数内部的变量。

```
def fun_test():
    l_name = '局部变量范例'
    print(l_name)
fun_test()
print(l_name)
```

图 4.2 所示为局部变量范例。

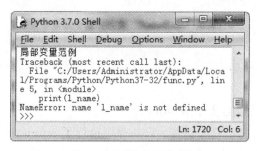

图 4.2　局部变量范例

2. 全局变量

全局作用域中的变量叫作全局变量。在函数外定义的变量是全局变量，在函数内也可以访问全局变量。

【例 4.3】访问全局变量。

```
g_name = '全局变量范例'
def fun_test():
    print(g_name)
fun_test()
print(g_name)
```

输出：

全局变量范例

全局变量范例

下面列举几个需要注意的例子，并总结经验。

【例 4.4】局部变量与全局变量同名。

```
book_name = 'Python 入门与实战'
def fun_test():
    book_name = 'Python 教学系列'
    print(book_name)
fun_test()
print(book_name)
```

输出：

Python 教学系列

Python 入门与实战

结论：当局部变量与全局变量同名时，按照 LEGB 规则，在函数内首先搜索到局部作用域里的变量，在函数外部首先搜索到全局作用域里的变量。

【例 4.5】在函数中修改全局变量。

```
book_name = 'Python 入门与实战'
def fun_test():
    global book_name                    #声明 book_name 为全局变量
    book_name = 'Python 教学系列'
    print(book_name)
fun_test()
print(book_name)
```

输出：

Python 教学系列

Python 教学系列

结论：如果需要在函数中修改全局变量，须使用 global 关键字声明。

【例 4.6】先访问局部变量，后定义局部变量。

```
book_name = 'Python 入门与实战'
def fun_test():
    print(book_name)
    book_name = 'Python 教学系列'
fun_test()
```

运行错误如图 4.3 所示。

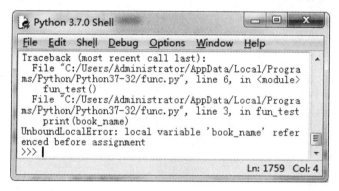

图 4.3   运行错误

为什么不是输出"Python 入门与实战"或"NameError"异常，而是"Unbound LocalError"异常？这是因为模块中的代码在执行之前，并不会经过预编译，但是函数体中的代码在运行前会经过预编译。换句话说，就是在函数被执行之前，Python 解释器就已经知道函数中有哪些局部变量，所以在执行 03 语句时，Python 解释器知道 book_name 是局部变量，但并未赋值，就引发了该异常（在引用前需要先赋值）。

训练题 4

1. 单选题

（1）在 Python 交互模式下执行语句 age=input()，等待键盘输入，当确认输入 18 后，age 的数据类型是（   ）。

    A. 整型   B. 浮点型   C. 字符串型   D. 布尔型

（2）在 Python 交互模式下依次执行 a=1,b=2,print(a,b,c,end='*')，则屏幕输出的内容是（   ）。

    A. 1 2 3   B. 1*2*3   C. 1 2 3*   D. 显示一条错误提示信息

（3）int(3.78)+int("12")的运算结果值是（   ）。

    A. 15   B. 16   C. 15.78   D. 其他都不正确

（4）要用 Python 计算余弦函数等三角函数的值，需要导入标准库函数 math，下列正确的语句是（　　　　）。

    A. Import math   B. import math

    C. import math.cos()   D. 其他都不对

（5）用迭代法求斐波拉契数列（1, 1, 2, 3, 5, 8, 13, …）第 100 项，①和②位置应该是（　　　　）。

```
def fib(n):
    f2=f1=1
    for i in range(3,①):
        f1,f2=f2,f1+f2
    return ②
print(fib(100))
```

    A. n 和 f2   B. n+1 和 f2   C. 100 和 f2   D. 100 和 fib(100)

（6）下面是求 n 的阶乘的自定义函数程序代码，此算法主要体现的算法思想是（　　　　）。

```
def jc(n):
    if n = 1:
        return 1
    else:
        jc(n)=n*jc(n-1)
```

    A. 解析   B. 枚举   C. 递推   D. 递归

2. 做中学　学中做：石头剪刀布游戏设计

编写一个人和计算机玩"石头剪刀布"游戏程序，游戏规则：石头打剪刀，剪刀剪布，布包石头。用 1 代表石头，2 代表剪刀，3 代表布。程序运行时，人输入 1、2、3 中的一个数，计算机从 1、2、3 中机随机产生一个数，与人输入的数比较后输出输赢。

输入、输出样例：

```
请出拳(石头 1，剪刀 2，布 3，退出 0)：1
玩家出拳 1,计算机出拳 1,平局
请出拳(石头 1，剪刀 2，布 3，退出 0)：2
玩家出拳 2,计算机出拳 3,玩家胜利
请出拳(石头 1，剪刀 2，布 3，退出 0)：0
游戏退出
```

根据上面的情景，完成下列单选题。

（1）用命令 import random 导入随机数库后，下列能产生 1 到 10 之间的随机整数的是（　　　　）。

    A. random.randint(1,10)   B. random.randint(1,11)

C. random.random()   D. random.choice(1,10)

（2）若用 ren 表示玩家出拳数，jsj 表示计算机随机产生的拳数，那么下列表达式能判定玩家胜利的是（   ）。

  A. (jsj==1 or ren==3) and (jsj==2 or ren==1) and (jsj==3 or ren==2)

  B. (jsj==1 and ren==3) and (jsj==2 and ren==1) and (jsj==3 and ren==2)

  C. (jsj==1 or ren==3) or (jsj==2 and ren==1) or (jsj==3 and ren==2)

  D. (jsj==1 and ren==3) or (jsj==2 and ren==1) or (jsj==3 and ren==2)

（3）人与计算机比赛结果除了人胜，还有（   ）可能。

  A. 人输   B. 计算机胜   C. 人输与平局   D. 平局

（4）运行下面的程序，当用户输入"0"后，会输出（   ）。

```
while True:
    ren = int(input("请出拳(石头 1，剪刀 2，布 3，退出 0)："))
    if ren == 0:
        print("退出")
        Break
print("结束")
```

  A. 退出   B. 结束

  C. 退出，同时要求再次输入   D. 退出、结束

（5）下面的程序运行时，要达到问题情景中的输入、输出样例效果，①位置应输入（   ）。

```
import random
while True:
    ren = int(input("请出拳(石头 1，剪刀 2，布 3，退出 0)："))
    jsj = random.randint(1,3)
    if ren == 0:
        print("游戏退出")
        break
    elif (jsj==1 and ren==3) or (jsj==2 and ren==1) or (jsj==3
and ren==2):
        print("玩家出拳{}，计算机出拳{}，玩家胜利".format(ren,
jsj))
    elif ①:
        print("玩家出拳{}，计算机出拳{}，平局".format(ren,jsj))
    else:
        print("玩家出拳{}，计算机出拳{}，计算机胜利".format(ren,
jsj))
```

A. jsj = ren   B. jsj == ren   C. ren = jsj   D. jsj !> ren

3. 编程实践

（1）长方体体积：编写一个自定义函数，当函数被调用时，提示用户输入长、宽、高，输出体积。

输入样例：3 2 4（三个整数空格隔开）

输出样例：体积：99

（2）计算圆周率的算法评价：中国古代数学家祖冲之将圆周率计算到小数点第 7 位，并表示成分数形式 355/113。现在请你分别利用① 欧拉公式（PI**2/6 = 1+1/2**2+1/3**2+1/4**2+…）、② 沃里斯公式（PI/2 = 2/1*2/3*4/3*4/5*6/5*6/7*8/7*8/9*…）和③ 蒙特卡洛法（随机投点法）编程计算圆周率，并对算法程序运行时间、计算结果精确度等进行比较评价。

（3）求三角函数值：编程计算 y=2sin(x)+3，其中 x 由用户输入，程序输出 x 与 y 的值。

输入样例：100

输出样例：x= 100.0 y= −1.0127312822195176

（4）求阶乘：编写一个递归函数，功能是求整数 n 的阶乘（即 n!=n*(n-1)*(n-2)*… 3*2*1），其中 n<500。

输入样例	输出样例
请输入一个整数：1	1!=1
请输入一个整数：0	0!=1
请输入一个整数：12	12!=479001600

（5）奥运五环：奥运五环由 5 个奥林匹克环套接组成，有蓝、黄、黑、绿、红 5 种颜色。环从左到右互相套接，上面是蓝、黑、红环，下面是黄、绿环。整个造型为一个底部小的规则梯形。网上有绘制奥运五环的源代码，如 https://m.umu.cn/rd/photo/2Mge869f4，约 40 行代码可以绘制奥运五环。请你思考怎样将代码精简到 20 行内绘制奥运五环。

学后反思

请梳理本章涉及知识要点，你认为什么方法或策略是学会本章内容的关键？还需要老师提供何种帮助？

第 5 章　Python 数据结构

在实际工作中，往往需要处理具有一种或多种关系的一组数据，如一个班级的学生成绩、某一时间段内天网摄像头拍摄的图像数据。在计算机科学中，把这些具有一种或多种关系的数据元素集合称为数据结构。可以把数据结构简单理解为存储数据的容器。Python 内置多种数据结构。本章主要介绍 4 种基本数据结构：列表、元组、字典、集合，如图 5.1 所示。

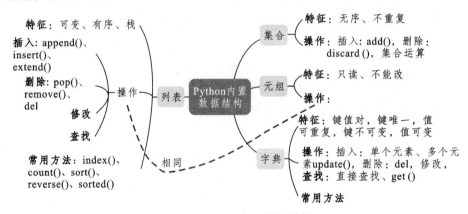

图 5.1　Python 内置数据结构

5.1　索引与切片

5.1.1　索　引

在操场上列队时，所有同学组成了一个有顺序的队列，经过报数，每个同学都有一个不同的数字，通过这个数字可以找到相应同学。在 Python 中，把这个队列称为序列，编号称为索引或下标。Python 提供两种索引方式：

正数索引，从 0 开始递增：

0	1	2	⋯	n

负数索引，从-1 开始递减：

-n	⋯	-3	-2	-1

注意：当采用负数索引时，是从-1 开始，而不是从 0 开始。

当访问一个元素时，既可以用正数索引，也可以用负数索引。

5.1.2 切片（分片）

使用索引可以访问序列中单个元素，但有时需要访问序列中指定范围内的元素，即序列的子序列，Python 定义了一个称为切片的操作符[: :]来得到子序列。

语法格式：

```
[start_index: end_index: step]
```

表示从 start_index 索引对应的元素开始，每隔 step 个元素取出来一个，直到取到 end_index 对应的元素结束，但不包括 end_index 索引位置上的元素。

start_index 表示起始位置，end_index 表示终止位置，step 表示步长。

实践：在 IDLE 交互模式下输入下列语句，观察结果并总结。

```
>>>li = [1,2,3,4,5,6,7,8,9]
>>>li[::]
>>>li[0::5]
>>>li[0:8:]
>>>li[3::2]
>>>li[-1:-5:-1]
>>>li[:3:-1]
```

注意：

（1）start_index、end_index、step 任何一个都可以省略，step 的默认值为 1。

（2）step 可以取正整数、负整数，但不能等于 0。step 为正整数时表示从左向右截取，step 为负整数时表示从右向左截取。

（3）当 step 为正整数时，start_index 的默认值为 0，end_index 的默认值为最后 1 个元素的索引；当 step 为负整数时，start_index 的默认值为-1，end_index 的默认值为第 1 个元素的索引。

（4）每个元素都有两个索引，一个是从左向右的依次编号（从 0 开始），一个是从右向左的依次编号（从-1 开始）。

5.2 列表的操作

列表与我们在操场上列队时类似，是由一系列按一定顺序排列的元素组成。只要用逗号把各个数据项使用方括号"[ ]"括起来就创建了一个列表。例如：

```
ages = [13,14,16,13,15]
```

```
names = ['李晓', '张慧', '王姗姗']
students = ['lixiao',14, 'zhanghui',15]
```

Python 中列表与其他编程语言的数组非常类似，使用非常灵活。

5.2.1 列表的创建

Python 中有多种方法可以创建列表，下面分别介绍。

1. 使用赋值语句直接创建

语法格式如下：

```
listname = [element1, element2, …]
```

其中，listname 表示列表名；element1、element2 表示列表的元素。listname 可以是任何符合 Python 命名规则的变量名。列表中的元素可以是不同的数据类型，也可以是列表等 Python 支持的其他数据类型，元素的个数没有限制。

例：

```
school_name = ['贵阳一中', '铜仁一中', '凯里一中', '思南中学', '德江一中']
student_score = ['语文',90, '数学',80, '英语',97]
family_member = [ '父亲',[ '王进',45], '母亲',[ '张霞',43], '哥哥',[ '王小宝',16]]
```

2. 创建空列表

创建空列表非常简单，直接使用下面的代码：

```
listname = [ ] 或 listname = list()
```

3. 使用 list( )函数创建

语法格式：

```
listname = list(data)
```

其中，data 表示可以转换为列表的对象，如 range 对象、字符串等其他任何可迭代对象。
例：

```
age = list(range(1,5))
```

将创建[1, 2, 3, 4]列表。

```
name = "xiaofang"
names = list(name)
```

将创建['x','i','a','o','f','a','n','g']列表。

4. 列表推导式

使用推导式可以快速生成一个列表，是一种运用较多而又非常重要的功能，同时也是最受欢迎的 Python 特性之一。

基本语法格式：

```
[表达式 for 变量 in 迭代对象]    或者    [表达式 for 变量 in 迭代对象 if 条件]
```

例：

```
age = [ i for i in range(1,120)]
```

将创建一个列表，里面的元素分别为 1, 2, 3, …, 119，注意不包括 120。

```
age = [ i for i in range(1,120)  if  i%2==0 ]
```

将创建一个 1 到 120 之间的偶数列表，注意不包括 120。

说明：在使用列表推导式创建列表时，执行完推导式语句后，将在内存中立即生成列表，如果元素个数很多，会占用大量内存空间，建议使用生成器表达式。

5.2.2 列表的访问

1. 访问单个元素

Python 中列表是一种序列，元素是有顺序的，都拥有自己的编号，通常情况是通过索引对元素进行访问。

如 li = [1, 1, 2, 3, 5, 8]，li[0]将访问列表中第 1 个元素，li[3]将访问列表中第 4 个元素，li[-2]将访问列表中倒数第 2 个元素。

2. 遍历列表

遍历是计算机科学中的一种重要运算，是指依照某种顺序对所有元素做一次且仅做一次访问。比如需要找出班级里身高最高的同学，就需要测量每个同学的身高。测量身高的过程就相当于对列表进行遍历。下面介绍三种遍历列表的方法。

1）使用 for 循环实现

语法格式：

```
for item in listname:
    #输出 item
```

其中，item 用于保存依次从列表中获取到的元素的值；listname 为列表名。

【例 5.1】定义编程语言列表，通过 for 循环遍历，输出各种编程语言的名称，代码如下：

```
program_language = [ 'java', 'c', 'c++', 'Python', 'c#']
for pname in program_language:
    print(pname)
```

程序运行后，将得到图 5.2 所示的结果。

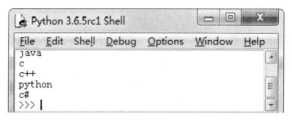

图 5.2　运行结果

2）使用 for 循环和索引实现

把上面的代码修改为：

```
program_language = [ 'java', 'c', 'c++', 'Python', 'c#']
for  i  in range(len(program_language)):
    print(program_language[i])
```

程序运行结果见图 5.2。

3）使用 for 循环和 enumerate()函数实现

把上面的代码修改为：

```
program_language = [ 'java', 'c', 'c++', 'Python', 'c#']
for index,item in enumerate(program_language):
    print(index,item)
```

程序运行后，将得到图 5.3 所示的结果。

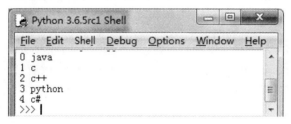

图 5.3　运行结果

可以看出，使用 enumerate()函数可以同时获得列表元素的索引和值。

3. 获得子列表

获得子列表的简单方法是使用切片，在 IDLE 交互模式下运行如下代码：

```
>>>li = [1,2,3,4,5,6]
>>>li[0]
>>>1
>>>li[0:1]
>>>[1]
```

你能总结出 li[0] 与 li[0:1]的区别吗？

5.2.3　对列表元素进行增加、删除、修改操作

对数据对象进行增、删、改、查是计算机科学中的基本操作。在实际开发过程中，很大一部分都是基于增、删、改、查操作。

1. 增加元素

列表对象提供了三种增加元素的方法，分别是 append( )方法、insert( )方法、extend( )方法，见表 5.1。注意：这三种方法是列表对象提供的方法，不是内置函数。

表 5.1　列表增加元素的方法

方法名称	语法	描述
append	listname.append(obj)	向 listname 的末尾增加 obj 元素
insert	listname.insert(index,obj)	向 listname 的 index 位置插入 obj 元素
extend	listname.extend(obj)	将 obj 列表中的元素增加到 listname 中

实践：在 IDLE 交互模式下执行下列代码，体会三种方法的异同。

```
>>>num = [1,2,3,4,5]        #创建列表 num
>>>num.append(6)            #使用 append()方法增加元素 6
>>>num                      #输出[1, 2, 3, 4, 5, 6]
>>>num.append([7,8])        #使用 append()方法增加元素[7, 8]
>>>num                      #输出[1, 2, 3, 4, 5, 6,[7, 8]]
>>>num.insert(1,9)          #使用 insert()方法在索引 1 处增加元素 9
>>>num                      #输出[1, 9, 2, 3, 4, 5, 6,[7, 8]]
>>>num.extend([10,11])      #使用 extend()方法增加元素 10, 11
>>>num                      #输出[1, 9, 2, 3, 4, 5, 6,[7, 8],10, 11]
```

注意：

（1）append(obj)方法总是把 obj 对象作为一个元素，追加到列表的末尾；

（2）使用 insert( )方法可以在不同位置插入元素；

（3）extend( )方法是先把 obj 当作序列，枚举出每个元素，然后再追加到列表的末尾。

2. 删除元素

需要删除列表中的元素时，可以使用内置语句 del 或列表对象的 remove( )方法、pop( )方法。

del 语句、pop( )方法是根据元素的索引进行删除，remove( )方法是根据元素值进行删除，且只删除第一个满足条件的元素。

例：

```
>>>tea = ['都匀毛尖', '湄潭翠芽', '正安白茶', '石阡苔茶', '梵净山翠峰茶']
>>>del tea[1]                    #根据索引删除'湄潭翠芽'
>>>tea.remove('都匀毛尖')         #根据值删除'都匀毛尖'
>>>tea.pop(0)                    #根据索引删除'正安白茶'
```

说明：列表对象的 clear( )方法将清除所有元素。

3. 修改元素

修改元素只需要通过索引获取相应元素，然后重新赋值即可。例如：在上例中需要将'梵净山翠峰茶'改为'雷公山银球茶'，则修改的代码为：tea[4]＝'雷公山银球茶'。

5.2.4　列表对象的常用方法

列表对象的常用方法见表 5.2。

表 5.2　列表对象的常用方法

方法名称	语法	描述
count	listname.count(obj)	返回元素 obj 在列表中出现的次数
index	listname.index(obj)	返回元素 obj 在列表中首次出现的索引
sort	listname.sort(Key=None, reverse=False)	对列表排序
reverse	listname.reverse( )	将列表翻转

知识拓展：Python 中一切皆为对象，几乎所有对象都有成员属性、方法属性，访问对象的成员和方法统一使用"对象.成员"或"对象.方法"格式。关于类和对象的详尽知识将在第 6 章阐述。

5.3　元组的操作

元组（tuple）与列表类似，也是由一系列按一定顺序排列的元素组成。只要用逗号把各个数据项使用圆括号"( )"括起来就创建了一个元组，如 tup ＝ (1, 2, 3, 4)。从形式上可以看出，元组与列表非常相似，元组使用圆括号包裹，列表使用方括号包裹，它们之间的主要区别是：元组为不可变类型，列表为可变类型。

5.3.1 可变类型与不可变类型

当我们用铅笔在纸上写字时，如果写错了还可以擦掉重写，但用钢笔在纸上写字时，如果写错了就不能擦掉重写。这是可变与不可变的简单比喻。Python 中可变是指变量值改变但内存地址不变，不可变是指变量值改变后内存地址也改变。可以通过 id() 查看变量值变化前后的内存地址是否改变。

实践：在 IDLE 交互模式下执行下列代码：

```
>>>li = [1,2,3,4]
>>>li[1] = 3
>>>li
>>>tup = (1,2,3,4)
>>>tup[1] = 3
```

图 5.4 的错误提示信息为：元组对象不支持对元素赋值。在 Python 的基础数据类型中，数值、字符串、元组和不可变集合都是不可变类型，列表、字典和可变集合是可变类型。

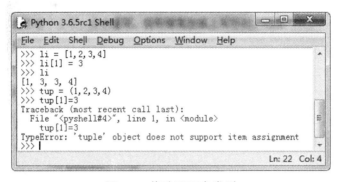

图 5.4　修改不可变类型

再如：字符串 str = "abcdefg"，由于字符串是不可变类型，所以不能通过 str[0] = 'h' 来修改字符串的内容。

5.3.2 元组的创建

Python 中有多种方法可以创建元组，下面分别介绍。

1. 使用赋值语句直接创建

语法格式：

```
tuplename = (element1, element2, …)
```

其中，tuplename 表示元组名；element1、element2 表示元组的元素。tuplename 可以是任何符合 Python 命名规则的变量名。元组中的元素可以是不同的数据类型，也可以是元组等 Python 支持的其他数据类型，元素的个数没有限制。

例如：

```
age = (1,15,23,90,45)
street = ("陕西路",150, "延安路",85, "中华北路",30)
region = ('东北', ('黑龙江', '吉林', '辽宁'), '华东', ['山东', '
江苏', '安徽', '浙江', '福建', '上海'])
```

与列表不同的是，元组中的小括号并不是必需的。只要把一组数据用逗号","隔开，Python 会自动识别为元组。例如，fruits = '苹果'，'香蕉'，'橘子'，'西瓜'，'葡萄'是合法的。

如果元组只有 1 个元素，在创建时需要在后面加上 1 个 "，"，例如：book = ('语文'，)。

这是因为（ ）具有表示改变运算顺序的含义，如果没有 "，"Python 会将（'语文'）解释为字符串。

说明：在变量声明时不需要指定数据类型，同一个变量在不同时刻可以指向不同的数据类型，可以使用内置函数 type( )判断变量的类型，如图 5.5 所示。

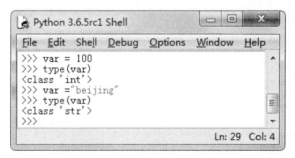

图 5.5　测试变量的类型

2. 创建空元组

可以直接使用以下代码创建空元组：

```
tuplename = () 或 tuplename = tuple()
```

3. 使用 tuple()函数创建

语法格式：

```
tuplename = tuple(data)
```

其中，data 表示可以转换为元组的对象，如 range 对象、字符串等其他任何可迭代对象。

例：

```
age =tuple(range(2,10))
```

将创建(2, 3, 4, 5, 6, 7, 8, 9) 元组。

```
name = "xiaofang"
names = tuple(name)
```

将创建('x', 'i', 'a', 'o', 'f', 'a', 'n', 'g')元组。

```
li = [6,7,8,9]
tup = tuple(li)
```

将创建(6, 7, 8, 9)元组。

5.3.3 元组的访问

访问元组与列表类似，下面做一简单介绍。

1. 访问单个元素

使用索引访问，如 tup = (1, 1, 2, 3, 5, 8)，tup[0]将访问元组中第 1 个元素，tup(3)将访问元组中第 4 个元素，tup(-2)将访问元组中倒数第 2 个元素。

2. 遍历元组

1）使用 for 循环实现

```
words = ('I','am','a','student')
for word in words:
    print(word,end=' ')
```

输出为：I am a student

2）使用 for 循环和 enumerate()函数实现

```
words = ('I','am','a','student')
for item in enumerate(words):
    print(item,end=' ')
```

输出为：(0, 'I') (1, 'am') (2, 'a') (3, 'student')

```
words = ('I','am','a','student')
for index,word in enumerate(words):         #这里有解包过程
    print(index,word,end=' ')
```

输出为：0 I 1 am 2 a 3 student

说明：在赋值语句中，如果左边有多个变量，Python 需要对右边的表达式先进行解包（每个元素单独提取出来），然后再逐一赋值。如果变量的个数与解包后值的个数不相等则会报错。

5.3.4 对元组的操作

元组属于不可变类型，不能对其元素进行增加、删除、修改操作，但可以进行连接组合，即把两个元组进行相加操作，也可以进行相乘（重复）操作。

例：

```
>>>zoo1 = ('老虎', '狮子')
>>>zoo2 = ('梅花鹿', '大象')
>>>zoo1 += zoo2
>>>print(zoo1)
```

输出为：('老虎', '狮子', '梅花鹿', '大象')

```
>>>zoo2 = zoo2*3
>>>print(zoo2)
```

输出为：('梅花鹿', '大象', '梅花鹿', '大象', '梅花鹿', '大象')

5.3.5　元组对象的常用方法

元组对象只有极少的方法，如 count()、index()，这两个方法的意义同列表。

5.3.6　列表与元组的比较

列表与元组的比较见表 5.3。

表 5.3　列表与元组的比较

项目	列表	元组
可变类型	可变	不可变
元素增、删、改操作	能	不能
支持索引访问	支持	支持
支持切片	支持	支持
访问和处理速度	相对较慢	相对较快
推导式	有	没有
作为字典的键	不能	能
支持 in 和 not in	支持	支持

元组与列表有很多相似的地方，为什么有了列表还要元组呢？由于元组的不可变性提供了数据的完整性，这样可以确保元组在程序中不会被另一个引用修改，而列表就没有这样的保证。另外，元组也可以用在列表无法使用的地方。例如，作为字典的键，一些内置操作可能也要求或暗示要使用元组而不是列表。

判断元素是否在列表或元组中，使用 in 和 not in 关键字。

例：

```
>>>li = [8,20,15]
>>>8 in li
```

输出：True

```
>>>22 not in li
```

输出：True

5.4　字典的操作

在实际应用中，列表往往用来存储一组性质相同的数据，如学生姓名、课程名称等，元组多用于存储一系列不可变的结构，如棋盘坐标。而实际生活中还有类似这种需求：描述一个人的基本特征（姓名、年龄、身高、体重）。若用列表可表示为：person = ['张粟', 18, 1.75, 55]，显然，从字面上并不能清晰地理解元素 18、1.75、55 表示的意义。如果写为'name': '张粟', 'age':18, 'height':1.75, 'weight':55，这些数字的意义就明确得多。

Python 把像上面这样用"键:值"对的形式来存储数据的容器称为字典（dict）。本节将介绍字典的相关知识。

5.4.1　字典的基本特征

字典的基本形式：

```
dictname = {key1:value1,key2:value2,…}
```

其中，dictname 为字典名，key1:value1 为键值对。键和值之间用":"隔开，键值对与键值对之间用","隔开，用"{ }"包裹所有键值对。基本特征如下：

（1）键必须是不可变类型且具有唯一性。可以使用数字、字符串、元组作为键。

（2）字典是无序的，不支持用索引访问。

（3）字典的值可以是任何 Python 支持的数据类型，且可以任意嵌套。

（4）与列表和元组比较，字典有更快的检索速度。

5.4.2　字典的创建

1. 使用赋值语句直接创建

语法格式：

```
dictname = {key1:value1,key2:value2,…}
```

其中，dictname 表示字典名；key1、key2 表示元素的键；value1、value2 表示元素的值。

2. 创建空字典

直接使用下面的代码创建字典：

```
dictname ={ } 或 dictname =dict( )
```

3. 通过映射函数创建

语法格式：

```
dictname =dict(zip(iterable1, iterable2))
```

其中，iterable1 为一个可迭代对象，用于指定要生成字典的键；iterable2 为一个可迭代对象，用于指定要生成字典的值。这里不必纠结什么是可迭代对象，暂且简单理解为列表或元组。

例：

```
name = ('c', 'c++', 'Python', 'java')
price = [30,45,50.5,27]
book_info = dict(zip(name, price))
```

将创建{'c': 30, 'c++': 45, 'Python': 50.5, 'java':27} 字典。

说明：

（1）zip( )是 Python 的内置函数，功能是将多个可迭代对象作为参数，将对象中对应的元素打包成一个个元组，然后返回由这些元组组成的列表，元组的个数与最短的可迭代对象的长度相同。

（2）dict( )是 Python 的内置函数，用于创建一个字典。

例：

```
>>>li = list(zip([1,2,3],[4,5,6]))
>>>[(1,4),(2,5),(3,6)]
>>>li = list(zip([1,2,3,4],[5,6],(7,8,9))
>>>[(1,5,7),(2,6,8)]
```

4. 通过"键=值"的形式创建

语法格式：

```
dictname = dict(key1=value1, key2=value2,…)
```

其中，key1、key2 表示元素的键；value1、value2 表示元素的值。

例：

```
arms = dict('唐僧'='咒语', '孙悟空'= '金箍棒', '猪八戒'='钉耙')
```

将创建{'唐僧': '咒语', '孙悟空': '金箍棒', '猪八戒': '钉耙'} 字典。

5. 通过 dict 对象的 fromkeys( )方法创建值为空的字典

语法格式：

```
dictname = dict.fromkeys(iterable1)
```

其中，iterable1 为字典键的可迭代对象。

例：

```
name = ['李宏彦', '马云', '马化腾', '刘庆峰']
```

```
batk = dict.fromkeys(name)
```
将创建{'李宏彦': None, '马云':None, '马化腾': None, '刘庆峰':None} 空字典。

6. 通过字典推导式创建

字典推导式与列表推导式类似，基本语法格式如下：

{键表达式:值表达式 for 变量 in 列表} 或者 {键表达式:值表达式 for 变量 in 列表 if 条件}

实践：在 IDLE 交互模式下执行下面的代码，并认真体会。

```
>>>num = {i:i*i for i in range(1,5)}
>>>num
```
输出{1:1,2:4,3:9,4:16}

```
>>>even = {i:i*i for i in range(1,10) if i%2==0}
>>>even
```
输出{2: 4, 4: 16, 6: 36, 8: 64}

```
>>>name =('钱学森', '邓稼先', '华罗庚', '李四光')      #用于键的元组
>>>area = ('上海', '安徽', '江苏, '湖北')              #用于值的元组
>>>scientist_1 = {i:j for i,j in zip(name,area)}
>>>scientist_1
```
输出 {'钱学森':'上海','邓稼先': '安徽','华罗庚': '江苏','李四光': '湖北'}

```
>>>scientist_2 = {name[i]:area[i]  for i in range(0,4)}
>>>scientist_2
```
输出 {'钱学森':'上海','邓稼先': '安徽','华罗庚': '江苏','李四光': '湖北'}

结合列表推导式和字典推导式，归纳出推导式的一般规律。

（1）书写格式上是先写出元素的表达式，然后在后面写循环语句；

（2）本质上是一种具有变换和筛选功能的函数。

下面分析一个使用推导式将一个嵌套列表转换成一个一维列表的例子。

```
>>>li_a = [[1, 2, 3], [4, 5, 6], [7, 8, 9]]
>>>li_b = [j for i in li_a for j in i]
>>>li_b
>>>[1, 2, 3, 4, 5, 6, 7, 8, 9]
```

li_a 是一个嵌套列表，for i in li_a for j in i 等价于双重循环：

```
for i in li_a:
    for j in i:
```

每一次内循环产生一个 j 的值作为列表的元素。

5.4.3　字典的访问

1. 访问单个元素

字典是无序的，因此不支持索引访问，可以使用"键"来访问。例如，上面输出的字典：

```
scientist = {'钱学森': '上海', '邓稼先': '安徽', '华罗庚': '江苏', '李四光': '湖北'}
```

要想获取科学家钱学森的籍贯，可以使用 scientist['钱学森']访问，而不能使用 scientist[0]访问。

如果指定的键不存在就会抛出 KeyError 异常，在实际开发中，不能保证键一定存在，为了保证程序的健壮性，就需要避免该异常产生。下面介绍几种方法：

（1）使用 if 语句对不存在的情况进行处理，设置一个默认值或提示信息，把访问 scientist 的代码修改为：native = scientist['陈景润']　if　'陈景润' in scientist else '抱歉，信息不存在'，就不会抛出异常。Python 解释器是怎么"解释"这句话的呢？先判断键"陈景润"是否在字典（scientist）中，如果存在，就执行 scientist['陈景润']；如果不存在，就执行 else 后面的'抱歉，信息不存在'。

（2）使用 dict 对象的 get(key[,default])方法，把访问 scientist 的代码修改为：scientist.get('陈景润', '抱歉，信息不存在')，结果与（1）相同。

2. 遍历字典

1）使用 for 循环及字典的 items( )方法实现

字典对象的 items( )方法返回由字典的键值对组成的元组为元素的列表，形式如下：

```
[(key1, value1), (key2, value2), (key3, value3), …]
```

其中，key1、key2、key3 表示字典的键；value1、value2、value3 表示字典的值。

例：

```
mail_list = {'lihua': 'lihua@126.com', 'wangqiang': 'wq@163.com', 'liuhao': 'lh@qq.com'}
for item in mail_list.items():
    print(item)
```

输出：

```
('lihua', 'lihua@126.com')
('wangqiang', 'wq@163.com')
('liuhao', 'lh@qq.com')
```

如果需要，也可以使用下面的代码分别获得字典的键和值。

```
mail_list = {'lihua': 'lihua@126.com', 'wangqiang': 'wq@163.com', 'liuhao': 'lh@qq.com'}
```

```
for key,value in mail_list.items():
    print(key, ":",value)
```
输出：
```
lihua: lihua@126.com
wangqiang:wq@163.com
liuhao:lh@qq.com
```
2）使用 for 循环及字典的 values( )方法、keys( )方法实现

字典对象的 values( )方法返回由字典的值组成的列表，keys( )方法返回由字典的键组成的列表。使用方法类似于 items( )方法。仍以上面的字典为例：
```
mail_list = {'lihua': 'lihua@126.com', 'wangqiang': 'wq@163.
com', 'liuhao': 'lh@qq.com'}
for key in mail_list.keys():
    print(key)
```
输出：
```
lihua
wangqiang
liuhao
```

5.4.4 对字典的操作

1. 增加元素

（1）直接使用语句 dictname[key] = value 添加，例如：
```
>>>dic = {'name':'小牧','age':12}
>>>dic['e_mail'] = '111@126.com'
```
将增加一个键值对：emial:111@126.com。

说明：如果新添加的键已经存在，则将使用新值替换原来该键的值。

（2）使用 dict 对象的 setdefault(key[,default])方法，如果键已经存在，则只返回原来的值，并不替换原来的值。

（3）使用 dict 对象的 update( )方法，例如：
```
>>>dic = {'name':'小牧','age':12}
>>>other = {'qq':1111111, 'age':15}
>>>dic.update(other)
>>>print(dic)
{'name': '小牧', 'age': 15, 'qq': 1111111}
```
可以看出，dict 对象的 update( )方法是把另外一个字典更新进来，如果键不存在则增加键值对，若存在则用新值替换原来该键的值。

2. 修改元素

参考增加元素的方法。

3. 删除元素

1）使用 del 语句

语法格式：

```
del dictname[key]
```

当键不存在时会抛出 KeyError 异常。可以使用如下代码先判断键是否存在，然后再删除。

```
if key in dict:
    del dict[key]
```

2）使用字典对象的 pop( )方法

语法格式：

```
dictname.pop(key[,default])
```

当键存在时，先删除元素，然后返回该键的值；当键不存在且没有指定 default 参数时，会抛出 KeyError 异常。

3）使用字典对象的 popitem( )方法

语法格式：

```
dictname.popitem( )
```

随机删除字典中的一个元素（一般删除末尾对），并以元组的形式返回删除的键值对。如果字典为空，就会抛出 KeyError 异常。

4）使用字典对象的 clear( )方法删除所有元素

语法格式：

```
dictname.clear( )
```

5.4.5　字典对象的常用方法

字典对象的常用方法见表 5.4。

表 5.4　字典对象的常用方法

方法名称	语法	描述
clear	dictname.clear()	删除字典的所有元素
copy	dictname.copy()	返回一个字典的浅复制
fromkeys	dictname.fromkeys (seq[, value])	创建一个新字典
get	dictname.get(key[,default])	返回指定键的值，如果键不存在，则返回 default

方法名称	语法	描述
items	dictname.items()	返回由字典的键值对组成的元组为元素的列表
keys	dictname.keys()	返回由字典的键组成的列表
values	dictname.values()	返回由字典的值组成的列表
update	dictname.update(dict)	把字典 dict 的键值对更新到当前字典
pop	dictname.pop(key[,default])	删除并返回元素
popitem()	dictname.popitem()	随机删除元素

5.5 集合的操作

集合（set）是数学中的一个基本概念，是由一个或多个确定的元素所构成的整体，现在几乎渗透到了数学的各个领域。集合的元素具有确定性、互异性、无序性的特点，元素互异性是集合最重要的特征之一。在计算机科学中同样需要具有元素互异的数据结构，Python 为此设计了两种称为集合的数据结构：可变集合、不可变集合。可变集合是指元素可以被动态增加、修改和删除的集合，不可变集合是指集合一旦被创建，其元素就不能被改变的集合。下面只介绍可变集合。

形式上，集合是用"{ }"包裹的一系列用","分隔的元素序列，例如：

```
animal = {'老虎', '狮子', '斑马', '穿山甲'}
```

5.5.1 集合的创建

1. 使用赋值语句直接创建

语法格式：

```
setname = {element1, element2, …}
```

其中，setname 表示集合名；element1、element2 表示集合的元素。setname 可以是任何符合 Python 命名规则的变量名。元素的个数没有限制，集合中的元素不能是可变数据类型。

例如：

```
ageset = {10, 15, 20, 22, 80, 25, 22}
bookset = {'程序设计',( 'c', 'c++', 'Python'), '系统理论',( '数据结构', '算法', '计算机原理')}
```

说明：在创建集合时如果有重复的元素，会自动去掉重复的，只保留一个。

2. 创建空集合

可以直接使用代码 setname =set( )创建空集合，注意不能使用 setname = { }。

3. 使用 set( )函数创建

语法格式：

```
setname =set(data)
```

其中，data 表示可以转换为集合的对象，如 range 对象、字符串等其他任何可迭代对象。

例：

```
age =set(range(1,10))
```

将创建(1, 2, 3, 4, 4, 5, 6, 7, 8, 9) 集合。

```
name = "xiaofang"
names =set (name)
```

将创建{'o', 'f', 'x', 'n', 'i', 'g', 'a'}集合。

```
li = [6,7,8,9,8]
num = set(li)
```

将创建{8, 9, 6, 7}集合。

4. 使用集合推导式创建

集合推导式与列表推导式类似，基本语法格式如下：

```
{表达式 for 变量 in 列表}
或者{表达式 for 变量 in 列表 if 条件}
```

例：

```
age = { i for i in range(1,120)}
```

将创建一个集合，里面的元素分别为 1, 2, 3, …, 119，注意不包括 120。

```
age = { i*i for i in range(1,120)  if  i%2==0 }
```

将创建一个由 1 到 120 之间的偶数的平方作为元素的集合，注意不包括 120 的平方。

创建列表、元组、字典、集合可以分别使用内置函数 list(data)、tuple(data)、dict(data)、set(data)，参数都是可迭代对象，只有字典稍有特别。在实际开发中，数据量都比较大，很少使用赋值语句创建，通过内置函数创建是使用最多的创建方式之一。我们只需记住这几个函数名即可。除元组外，列表、字典、集合也可以使用推导式创建。推导式是 Python 的一种独有特性，是根据某种规律生成元素，一次性生成所有元素并加载到内存中，具有语言简洁、速度快等优点。但是我们也要知道，如果数据量很大，比如几个吉字节（GB）的数据，将会占用大量内存、降低效率，这是推导式的缺点。随着今后的学习，将会接触到生成器，生成器能很好地解决这个问题。

5.5.2 集合的访问

因为集合是无序的，所以不支持使用索引和切片访问，不能访问集合中的单个元素，也不能对集合中单个元素作出修改。

下面介绍如何使用 for 循环遍历集合。

语法格式：

```
for item in setname:
    #输出 item
```

其中，item 用于保存依次从集合中获取的元素的值；setname 为集合名。

例：

```
trans_tool = {'百度翻译','金山词霸','Google 翻译','有道词霸'}
for item in trans_tool:
    print(item,end=" ")
```

输出：金山词霸　Google 翻译 百度翻译 有道词霸

说明：由于集合、字典元素的无序性，每次遍历结果的顺序可能会不一样。

5.5.3 对集合的操作

1. 增加元素

（1）使用 set 对象的 add( )方法，例如：

```
>>>book_set = {'红楼梦', '西游记', '水浒传'}
>>>book_set.add('三国演义')
>>>print(book_set)
```

输出：{'红楼梦','西游记','水浒传'，'三国演义'}

（2）使用 set 对象的 update( )方法，例如：

```
>>>book_set = {'红楼梦', '西游记', '水浒传'}
>>>book_set.update('三国演义')
>>>print(book_set)
```

输出：{'红楼梦','西游记','水浒传','三','国','演','义'}

对比这两个方法可以看出，add( )方法是将参数作为 1 个元素增加，update( )方法是将参数解包后增加。

2. 删除元素

删除集合的元素可以使用集合对象的 pop( )方法、remove( )方法和 clear( )方法。

实践：请在 IDLE 交互模式下运行下列代码。

```
>>>car = {'宝马', '奔驰', '大众', '奥迪', '起亚'}
```

```
>>>car.remove('起亚')
>>>print(car)
```

输出：{'宝马', '奔驰', '大众', '奥迪'}

```
>>>car.pop()
>>>print(car)
```

输出：{'宝马', '奔驰', '奥迪'}

```
>>>car.clear()
>>>print(car)
```

输出：set()

说明：

（1）使用 remove( )方法删除元素时，如果元素不存在，则会抛出 KeyError 异常，可以先使用 in 关键字判断元素是否存在，然后再进行删除。

（2）pop( )方法随机删除一个元素。

（3）clear( )方法删除所有元素。

5.5.4 集合的运算

与数学中集合的运算类似，Python 为集合提供了交、并、差、对称差等运算。假设有集合 A、B。

交集：是指由既在集合 A 又在集合 B 中的元素组成的集合。运算符号："&"。

并集：是指由在集合 A 或在集合 B 中的元素组成的集合。运算符号："|"。

差集：是指由在集合 A 但不在集合 B 中的元素组成的集合。运算符号："–"。

对称差：是指不同时在集合 A 和集合 B 中的元素组成的集合。运算符号："^"。

【例 5.2】某校学业水平考试等级（部分）见表 5.5。

表 5.5 学业水平考试等级（部分）

姓名	语文	数学	英语	物理
王巧巧	A	A	B	C
隆继宗	A	B	C	A
河姑	B	C	A	B
魏文位	A	A	C	A
金华点	A	B	A	B

求：①语文、数学都为 A 的同学；②语文为 A 或英语为 A 的同学；③语文为 A 但物理不为 A 的同学；④语文、英语不同为 A 的同学。

将各科等级为 A 的构建为集合，再根据集合进行运算，以下是实现代码：

```
chinese = {'王巧巧', '隆继宗', '魏文位', '金华点'}
```

```
math = {'王巧巧', '魏文位'}
english = {'河姑', '金华点'}
physics ={'隆继宗', '魏文位'}
print('语文、数学都为 A 的有: ', chinese & math)
print('语文为 A 或英语为 A 的有: ', chinese | english)
print('语文为 A 但物理不为 A 的有: ', chinese - physics)
print('语文、英语不同为 A 的有: ', chinese ^ english)
```
输出:

语文、数学都为 A 的有: {'王巧巧', '魏文位'}

语文为 A 或英语为 A 的有: {'河姑', '王巧巧', '魏文位', '金华点', '隆继宗'}

语文为 A 但物理不为 A 的有: {'金华点', '王巧巧'}

语文、英语不同为 A 的有: {'王巧巧', '隆继宗', '河姑', '魏文位'}

5.5.5 列表、元组、字典、集合的比较

列表、元组、字典、集合的比较见表 5.6。

表 5.6 列表、元组、字典、集合的比较

数据结构	是否可变	是否可重复	是否有序	定义符号	是否有推导式
列表 (list)	是	可以	有	[]	有
元组 (tuple)	否	可以	有	()	无
字典 (dict)	是	可以	无	{key:value}	有
集合 (set)	是	不可以	无	{}	有

在实际应用中，需要对这些数据结构的特点有清晰的认识，通过练习这些片段代码逐渐掌握它们的主要适用场合，这样我们开发的应用才能更高效地工作。字典相对于列表具有更快的访问速度，在设计高并发应用时选择字典会优于列表。

5.6 基础算法

在没有计算机之前，就已经有算法了。它是解决某个问题的方法、步骤，比如，做饭，脑子里出现的食谱，先炒，再炖，再小火收汁。

计算机算法，是用计算机解决问题的方法、步骤。解决不同的问题，需要不同的算法。概括起来分为两步。

第一步：选择合理的数据结构来表达问题。实际生活中的问题千变万化，但是数据结构就只有固定的几种。选择合理的数据结构来表达问题，也就是建立模型。

第二步：分析模型的内在规律，并用编程语言表达其规律。

下面针对常用算法举例说明。

5.6.1　穷举法

穷举法的基本思想是根据题目的部分条件确定答案的大致范围，并在此范围内对所有可能的情况逐一验证，直到全部情况验证完毕。若某个情况验证符合题目的全部条件，则为本问题的一个解；若全部情况验证后都不符合题目的全部条件，则本题无解。穷举法也称为枚举法。

【百钱百鸡】 "百钱百鸡" 问题是一个有名的数学问题，出自《张丘建算经》。其内容是：公鸡 5 文钱 1 只，母鸡 3 文钱 1 只，小鸡 3 只 1 文钱，用 100 文钱买 100 只鸡，其中公鸡、母鸡和小鸡都必须要有，问公鸡、母鸡和小鸡各多少只？

```
# 百钱买百鸡，设公鸡 x 只，母鸡 y 只，小鸡 z 只
money=100
s=0  # 花钱数
for x in range(21):
    for y in range(34):
        for z in range(301):
            s=5*x+3*y+z/3
            if s==money and x+y+z==100:
                print("公鸡是{}只，母鸡是{}只，小鸡是{}只".format
(x,y,z))
```

输出样例：

公鸡是 0 只，母鸡是 25 只，小鸡是 75 只

公鸡是 4 只，母鸡是 18 只，小鸡是 78 只

公鸡是 8 只，母鸡是 11 只，小鸡是 81 只

公鸡是 12 只，母鸡是 4 只，小鸡是 84 只

5.6.2　迭代法

迭代法也称辗转法，是一种不断用变量的旧值递推新值的过程，跟迭代法相对应的是直接法（或者称为一次解法），即一次性解决问题。迭代法是用计算机解决问题的一种基本方法，它利用计算机运算速度快、适合做重复性操作的特点，让计算机对一组指令（或一定步骤）进行重复执行，在每次执行这组指令（或这些步骤）时，都从变量的原值推出它的一个新值。也就是说，这种不断将结果当作变量代入的递推思想方法，就叫迭代法。

【菲波那契数列】斐波那契在《计算之书》中提出了一个有趣的兔子问题：假设一对兔子每个月可以生一对小兔子，一对兔子出生后第 2 个月就开始生小兔子，则一对兔子一年内能繁殖成多少对？

```
def fib(n):
    f2=f1=1                        #1、2月兔子数都是1
    for i in range(3,n+1):         #从第3月开始
        f1,f2=f2,f1+f2             #每个月兔子数量是前两月的和
    return f2
n=int(input('输入需要计算的月份数：'))
print('兔子总对数为：',fib(n))
```

输入输出样例：

输入需要计算的月份数：12

兔子总对数为：144

5.6.3 递归算法

有一种函数，它直接或间接地调用自己，这种函数我们称之为递归函数。

【求阶乘】例如求 n!（n 的阶乘）。

```
def func(n):                        # 自定义了一个函数 func
    if n==1:
        return 1
    else:
        return n*func(n-1)          # func 函数体内部调用了自己 func
```

下面以计算 4!为例分析程序的执行逻辑。

```
func(4)                      # 第 1 次调用自己
4 * func(3)                  # 第 2 次调用自己
4* (3 * func(2))             # 第 3 次调用自己
4 * (3 * (2 * func(1)))      # 第 4 次调用自己，由于 n 等于 1，结束递归
```

从规模上看，每递归一次相比上次递归都应有所减少，直到满足某个条件时就结束递归调用。在本例中，n 等于 1 就是结束递归的条件。如果一个递归函数中没有结束递归的条件，递归过程将一直继续下去，类似于死循环。

递归函数的优点是定义简单、逻辑清晰，非常适合解决具有递推关系的问题。理论上，所有的递归函数都可以写成循环的方式，但循环的逻辑不如递归清晰。例如，把计算 n! 改用循环实现。

```
m =1
i = 1
```

```
while i<=n:
    m *= i
    i += 1
```

逆向思考——从递推到递归：如果一个人能够站在计算机的角度想问题，采用的是计算机解决问题的方法，他就具有了计算机的方法论，这就是计算思维。在计算思维中，最重要的是一种自顶向下、先全局后局部的逆向思维，它被称为递归（Recursive）。与之相对应的是人类所采用的自底向上、从小到大的正向思维，它被称为递推（Iterative）。这一字之差，思维和行事的方式就截然不同了。

递推是人类本能的正向思维，我们小时候学习数数，从 1、2、3 一直数到 100，就是典型的递推。递推，我们容易理解，从小到大，由易到难，由局部到整体。递归是逆向思维，递归的本质是自身结构的嵌套，它是计算思维的最重要思想之一。它有两个明显的妙处。第一个妙处是只要解决当前一步的问题，就能解决全部的问题。比如计算 n!，只要计算（n-1）!，至于（n-1）! 复制同一过程即可，这便是它的第二个妙处。当然，这里面有两个前提条件：一是每一个问题在形式上都是相同的，否则无法通过同一个过程完成不同阶段的计算；二是必须确定好结束条件，否则就成了死循环，永远结束不了。

5.6.4 二分法

二分法即一分为二的方法。设[a，b]为 R 的闭区间，逐次二分法就是构造出如下的区间序列（[a_n，b_n]）：$a_0=a$，$b_0=b$，且对任一自然数 n，[a_{n+1}，b_{n+1}]或者等于[a_n，c_n]，或者等于[c_n，b_n]，其中 c_n 表示[a_n，b_n]的中点。

注意：当数据量很大适宜采用该方法。采用二分法查找时，数据需是排好序的。

基本思想：假设数据是按升序排序的（low、high、mid 分别表示数据中的最小值、最大值、中间值），对于给定值 key，从序列的中间位置 k 开始比较，如果当前位置 arr[k] 值等于 key，则查找成功；若 key 小于当前位置值 arr[k]，则在数列的前半段中查找,arr[low,mid-1]；若 key 大于当前位置值 arr[k]，则在数列的后半段中继续查找 arr[mid+1,high]，直到找到为止。

【查找位置】输入任意一个数，查找它在列表中的位置。

```
# 查找数在列表中的位置
def search(x,nums):
    low = 0
    heigh = len(nums)-1
    while low <= heigh:
        mid = (low+heigh)//2
        if x == nums[mid]:
```

```
            return mid
        elif x > nums[mid]:
            low = mid+1
        else:
            heigh = mid-1
    return -1
nums = [2,4,8,9,12,25,30,44,55,87,100]
num = int(input("请输入你要查找的数:"))
print("在列表中从 0 开始的第",search(num,nums),"个位置")
```

输入输出样例:

请输入你要查找的数：55

在列表中从 0 开始的第 8 个位置

5.6.5 贪心算法

贪心算法也被称为贪婪算法，它是指在对问题求解时，总是做出在当前看来是最好的选择。也就是说，不从整体最优上加以考虑，它所做出的是在某种意义上的局部最优解。

贪心算法不是对所有问题都能得到整体最优解，关键是贪心策略的选择，选择的贪心策略必须具备无后效性，即某个状态以前的过程不会影响以后的状态，只与当前状态有关。

【找零问题】假设只有 1 角、2 角、5 角、1 元、2 元、5 元、10 元的 7 种硬币。在超市结账时，如果需要找零钱，收银员希望将最少的硬币数找给顾客。那么，给定需要找的零钱数目，如何求得最少的硬币数呢？

贪心策略：在找零的时候会有多种方案，当零钱为 5 角的时候，可以用一个 5 角，也可以用两个 2 角的和一个 1 角的，还可以用五个 1 角的，还可以用一个 2 角的和三个 1 角的。要想用的钱币数量最少，那么需要利用所有面值大的钱币，因此从数组的面值大的元素开始遍历，因此在求解这个问题的时候可以从这些角度来思考。

```
def main():
    d = [0.1,0.2,0.5,1,2,5,10] # 存储每种硬币面值
    d_num = [] # 存储每种硬币的数量
    s = 0
    # 拥有的零钱总和
    temp = input('请输入 7 种零钱的数量（空格隔开）: ')
    d_num0 = temp.split(" ")
    for i in range(0, len(d_num0)):
```

```
            d_num.append(int(d_num0[i]))
            s += d[i] * d_num[i] # 计算出收银员拥有多少钱
    sum = float(input("请输入需要找的零钱（元）:"))
    if sum > s:
        # 当输入的总金额比收银员的总金额多时，无法进行找零
        print("数据有错")
        return 0
    s = s - sum
    i = 6
    while i >= 0:
        if sum >= d[i]:
            n = int(sum / d[i])
            if n >= d_num[i]:
                n = d_num[i]  # 更新 n
            sum -= n * d[i]  # 贪心的关键步骤，使 sum 动态改变
            print("用了%d个%.2f元硬币"%(n, d[i]))
        i -= 1
if __name__ == "__main__":
    main()
```

输入输出样例：

请输入 7 种零钱的数量（空格隔开）: 2 3 4 3 5 2 3

请输入需要找的零钱（元）: 6

用了 1 个 5.00 元硬币

用了 1 个 1.00 元硬币

5.6.6　绘制函数图像

一般地，绘制函数图像，需要设置一个 x 的大致范围（numpy 库产生），在这个范围内每取一个值，根据解析式计算函数 y 相对应的值，然后描点（x, y）。

【绘制二次函数图像】绘制 $y=x^2-2x+1$ 的图像。

```
import numpy as np              #加载 numpy 模块并取名为 np
import matplotlib.pyplot as plt  #加载 matplotlib.pyplot 并取名
为 plt
x=np.arange(-10,10,0.1)
y=x*x-2*x+1
plt.xlabel('x')
```

```
plt.ylabel('y')
plt.title("y=x^2-2x+ 1")
plt.plot(x,y)
plt.show()
```

输出样例：

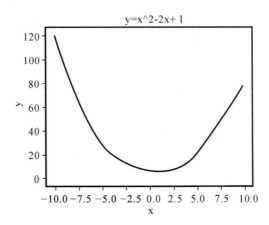

训练题 5

1. 单选题

（1）li = [1, 2, 3, 4, 5, 6, 7, 8, 9]，则 li[3::2]为（　　　）。

    A. [4, 6, 8]   B. [3, 5, 7]   C. [4, 5]   D. [3, 2]

（2）list(range(1, 5))是（　　　）。

    A. 创建(1, 2, 3, 4)元组   B. 创建[1, 2, 3, 4]列表

    C. 创建(1, 2, 3, 4, 5)元组   D. 创建[1, 2, 3, 4, 5]列表

（3）num = [1, 2, 3, 4, 5]，则执行 num.insert(1, "9")后，num 为（　　　）。

    A. [9, 1, 2, 3, 4, 5]   B. [1, 9, 2, 3, 4, 5]

    C. ["9", 1, 2, 3, 4, 5]   D. [1, "9", 2, 3, 4, 5]

（4）下列数据类型中，元素不能重复的是（　　　）。

    A. 列表   B. 元组   C. 字典   D. 集合

（5）下列为不可变数据类型的是（　　　）。

    A. 集合   B. 列表   C. 元组   D. 字典

（6）下列关系式：

①(1, 2, 3)==(1, 3, 2)   ②[1, 2, 3]==[2, 3, 1]

③{1, 2, 3}==set([1, 3, 2, 3])   ④{1, 2, 3}=={1, 3, 2, 3}

其中，正确的是（　　　）。

    A. ①②   B. ②④   C. ②③   D. ③④

2. 做中学 学中做：三人谈理想

三位同学 A、B、C 各自畅想未来职业规划（输入喜欢的理想职业，用空格隔开，有可能输入重复），让计算机输出他们的共同理想，以及 A 或 C 有的但 B 没有的理想。

输入样例：

> 请输入 A 理想：军人 教师 医生 科学家 艺术家 商人 作家 农民 医生 演员
> 请输入 B 理想：商人 公务员 军人 医生 艺术家 商人 作家 军人 自由职业者
> 请输入 C 理想：科学家 艺术家 商人 歌星 教师 医生 艺术家

输出样例：

> 共同的理想职业：商人 艺术家 医生

根据上面的情景，依次完成下列 5 个选择题。

（1）下列数据类型中，元素具有无序性、不重复性的是（   ）。

    A. 列表   B. 元组   C. 集合   D. 字典

（2）执行语句 A1 = input("请输入：").split()，当用户输入用空格隔开的内容后，A1 是（   ）。

    A. 字符串   B. 列表   C. 元组   D. 集合

（3）假设 A1 是一个列表或元组，下列能将 A1 转换成集合的命令是（   ）。

    A. set(A1)   B.{A1}   C. tuple(A1)   D. list(A1)

（4）对集合 A、B、C，则它们的交集是（   ）。

    A. A∩B∩C   B. A & B & C   C. A | B | C   D. A∪B∪C

（5）要使运行下面的程序得到项目情景的输入、输出样例效果：

```
jA = input("请输入 A 理想：").split()
jA = set(jA)
jB = input("请输入 B 理想：").split()
jB = set(jB)
jC = input("请输入 C 理想：").split()
jC = set(jC)
jGT = jA & jB & jC          # 共同理想
jNC = (jA | jB | jC)-jB     # B 不喜欢的职业
s1,s2 = " "," "
for i in jGT:               #集合转化成字符串,用空格隔开
    s1 = s1+①+" "
for i in jNC:
    s2 = ②+i+" "
print("共同的理想职业：",s1)
print("B 不喜欢的职业：",s2)
```

则①与②位置应该为（　　　　）。

    A. s2 与 s1　　　　　B. i 与 s1　　　　　C. s2 与 i　　　　　D. i 与 s2

3. 编程实践

（1）评委亮分：某学校开展十佳歌手比赛，由若干个评委给现场打分，去掉一个最高分和一个最低分的平均分为选手的最后得分。请编程实现输入用空格隔开的评委评分，输出选手最后得分。

输入样例：9.8 8.7 9.8 8.0 7.8 7.8 7.5 9.3（注：空格分隔数值）

输出样例：8.6（注：最后得分保留 1 位小数）

（2）位置前移：输入用空格隔开的 n 个不同的整数，第 1 个数移到末尾，其余各数依次往前移 1 个位置。

输入样例：5 6 7 8

输出样例：6 7 8 5

（3）倒序输出：任意输入字符串，并将所有字符改为小写后逆序输出。

输入样例：ABC123Eglish

输出样例：hsilge321cba

（4）最长单词：输入一段简单英文句子（长度不超过 500），单词之间用空格分隔，没有缩写形式和其他特殊形式。找出该句子中最长的单词（如果多于一个，则输出第一个）。

输入样例：I am a student of Peking University

输出样例：University

（5）推荐书单：编程实现用户无限次输入书名，只有当输入"0"时结束，并输出共推荐了多少本书及书名。输入、输出样例如下（加粗文字由用户输入）：

请输入第 1 本书名（0 结束）：**奇点**

请输入第 2 本书名（0 结束）：**算法与程序设计**

请输入第 3 本书名（0 结束）：**Python 入门**

请输入第 4 本书名（0 结束）：**0**

你共推荐了 3 本书 ['奇点', '算法与程序设计', 'Python 入门']

（6）字符计数：输入 1 串英文字母(只包含字母)，输出每种字母出现的次数。

输入样例：TomBillyTloy

输出样例：T:2　o:2　m:1　B:1　i:1　l:3　y:2

（7）陶陶摘苹果：陶陶家的院子里有一棵苹果树，每到秋天树上就会结出 10 个苹果。苹果成熟的时候，陶陶就会跑去摘苹果。陶陶有个 30 cm 高的板凳，当她不能直接用手摘到苹果的时候，就会踩到板凳上再试试。

现在已知 10 个苹果到地面的高度（100, 200, 150, 140, 129, 134, 167, 198, 200, 111）（以 cm 为单位），以及陶陶把手伸直的时候能够达到的最大高度为 110 cm，请帮陶陶算一下她能够摘到的苹果的数目（假设陶陶的手触碰到苹果，苹果就会掉下来）。

（8）删除单词后缀：从键盘不断读入单词，如果该单词以 er 或者 ly 后缀结尾，则删除该后缀，否则不进行任何操作，以"end"结束输入，最后输出所有单词。

（9）最长平台：已知一个元素已经从小到大排序的列表，这个列表的一个平台（Plateau）就是连续的一串值相同的元素，并且这一串元素不能再延伸。例如，在 1，2，2，3，3，3，3，4，5，5，6 中 1，2-2，3-3-3-3，4，5-5，6 都是平台。试编写一个程序，接收一个列表，把这个列表最长的平台找出来。在上面的例子中 3-3-3-3 就是最长的平台。

输入样例：1, 2, 2, 3, 3, 3, 3, 4, 5, 5, 6

输出样例：4

（10）生成列表：给定参数 n，生成顺序随机、值不重复的含有 n 个元素、值为 1~n 的列表。

输入样例：6

输出样例：[5, 3, 1, 4, 6, 2]

学后反思

请梳理本章涉及知识要点，你认为什么方法或策略是学会本章内容的关键？还需要老师提供何种帮助？

第6章 文件及目录操作

计算机系统中的目录结构采用的是树形结构，如图 6.1 所示。

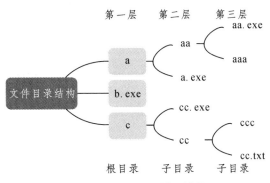

图 6.1 文件目录树形结构

在前面，编写的程序运行结束后数据就会丢失，有时希望将程序的运行结果保存到文件中，也希望处理一些磁盘上已经存在的文件。为满足这种需求，就需要掌握文件及目录的相关操作，本章将介绍 Python 中如何进行文件及目录的操作。

6.1 文件操作

对文件的主要操作有创建文件、打开文件、读取文件内容、向文件中写入内容、关闭文件等。

6.1.1 创建和打开文件

Python 提供了内置函数 open( )，可用于创建和打开文件。基本语法格式如下：

```
file = open(filename[,mode][,buffering][, encoding])
```

其中，filename 为文件名称；mode 为打开模式，可选参数；buffering 为对文件读写的缓存模式，可选参数，值为 0、1 或大于 1 的整数，0 表示不缓存，1 表示缓存，其他值表示缓冲区的大小，默认为缓存模式；encoding 为编码方式，file 为文件对象。

例：

```
>>>file = open(r'd:\123.txt')        #字符串前面的 r 是使字符串中的\不转义
```

以只读模式打开 d:\123.txt 文件并创建文件对象，用变量 file 指向该文件对象。对文件的操作，使用文件对象提供的方法即可。下面介绍 mode 的取值，见表 6.1。

表 6.1　mode 参数的可能值

值	意义
r	以只读方式打开文件，文件的指针将会放在文件的开头。这是默认模式
r+	打开一个文件用于读写。文件指针将会放在文件的开头
rb	以二进制格式打开一个文件用于只读。文件指针将会放在文件的开头，一般用于非文本文件，如声音文件
rb+	以二进制格式打开一个文件用于读写。文件指针将会放在文件的开头
w	以只写方式打开文件，文件原有内容会被删除
w+	打开一个文件用于读写，文件原有内容会被删除
wb	以二进制格式打开一个文件只用于写入
wb+	以二进制格式打开一个文件用于读写
a	打开一个文件用于追加
a+	打开一个文件用于读写

规律：模式是由 r、w、a 后面跟+、b、b+组成的。模式中凡是包含 r 的文件必须存在；模式中凡是包含 w 的如果文件存在则覆盖，不存在就创建新文件；模式中凡是包含 a 的如果文件存在则追加，不存在就创建新文件；模式中凡是包含 b 的表示以二进制格式打开，不包含 b 的是以文本文件方式打开；模式中凡是包含+的表示用于读写。

拓展阅读：文本文件与二进制文件的区别在于编码方式不同，文本文件是基于字符编码，二进制文件是基于值编码。

6.1.2　关闭文件

当一个文件被打开后，对文件操作的结果将会放到文件缓冲区中，如增加了新的内容，如果操作完成后不进行关闭，这些增加的内容就不会被写入文件中，从而造成不必要的破坏，因此要及时关闭文件。关闭文件的语法为：file.close()，file 表示文件对象。

另一方面，如果在打开文件时或对文件的操作过程中遇到了错误，则不能使用 file.close()来关闭文件。为了避免这类问题的发生，Python 提供了 with 语句来保证不论异常是否发生，with 语句执行完毕后文件都能关闭。with 语句的基本语法格式如下：

```
with 表达式 as 对象：
    语句块
```

例：

```
with open(r'd:\123.txt','w') as file:
    file.write('人生苦短，我学 Python')
```

无须使用 file.close( )也可以关闭文件。建议使用这种方式打开文件进行操作。

6.1.3 读取文件

当文件被以"读"的方式打开后，就可以对文件进行"读"的操作了，可以读取指定长度的字符，读取一行或所有行。文件对象提供的常用读写方法见表 6.2。

表 6.2　文件对象提供的常用读写方法

方法名称	语法	描述
readline	file. readline([size])	操作文本文件时 size 为字符，操作二进制文件时 size 为字节，读取 size 个数据，省略 size 或 size 大于一行的数据时，读取一行，返回的是一个字符串对象
read	file.read([size])	操作文本文件时 size 为字符，操作二进制文件时 size 为字节，读取 size 个数据，省略 size 时，读取全部数据，返回的是一个字符串对象
readlines	file.readlines([size])	操作文本文件时 size 为字符，操作二进制文件时 size 为字节，读取 size 个数据，省略 size 时，读取全部数据，以字符串列表返回
write	file.write(str)	向文件中写入指定字符串
writelines	file.writelines(seq)	将字符串序列迭代后写入文件
tell	file.tell()	以字节为单位，返回文件的当前位置，即文件指针当前位置
seek	file.seek(offset[,whence])	文件指针移动 offset 字节。whence 为 0 时，从文件头开始，为 1 时从当前位置开始，为 2 时从文件末尾开始。对于文本文件，whence 只能为 0
close	file.close()	关闭文件
flush	file.flush()	将缓冲区中的数据立刻写入文件，同时清空缓冲区
truncate	file.truncate([size])	从文件开头开始截断文件
next	Python3 不支持 file.next()	Python3 用 next(file)获取下一项

【例 6.1】构造内容类似下面两行数据的文本文件（文件名 test.txt，与当前 py 文件放在同一目录下）。读入文件内容，并计算所有数值之和。

1, 2, 3, 4, 5, 6, 7, 8, 9

1, 8, 7, 3, 4, 2, 1, 2, 3, 7, 8

程序代码如下：

```
# _*_ coding:utf-8 _*_
sum = 0
with open(r'test.txt','r') as file:
```

```
    while True:
        line = file.readline()
        if line == '':
            break
        for i in line.split(','):
            sum += int(i)
print(sum)
```

通过这个例子，我们学会了一种构造测试数据的方法，即将测试数据放在外部文件中，免去了每次都需要逐个输入数据的麻烦。如果需要构造成千上万个测试数据，可以用随机函数生成数据。

如果尝试读取一个二进制文件，会看到类似于"\x00\x00\x00\x00U^TALB\x00"的信息，没有任何意义。解析二进制文件时必须知道文件的数据结构，了解每个字节代表的意义，才能正确解析，通常二进制文件都是由对应的工具软件读取。

6.1.4 写入文件

使用文件对象的 write( )方法向文件写入数据。

语法格式：

```
file.write(str)
```

其中，str 为要写入的字符串；file 为打开的文件对象。

【例 6.2】从键盘输入一行数据，然后保存到文件中，假设文件名为 save_test.txt。

程序代码如下：

```
# _*_ coding:utf-8 _*_
with open(r'd:\save_test.txt','w') as file:
    string = input("请输入你要保存的数据：")
    file.write(string)
    file.flush()                            #将缓存区数据写入文件
print("数据已保存！")
```

说明：使用文件对象的 writelines( )方法，可以将字符串序列迭代后写入文件。如果希望以追加方式写入字符串要以 a 模式打开文件。

注意：如果需要保存敏感信息（如用户名、登录密码），最好不要使用文本文件保存。

6.2 目录操作

目录也似文件夹，通过目录可以对文件进行分类存放，方便查找文件。Python 没有提供内置函数用于对目录进行操作，通常是使用内置的 os 模块实现。

对目录的主要操作有创建目录、删除目录、遍历目录。

6.2.1 路 径

计算机中把标识一个文件或目录的位置的字符串叫作路径。路径类似于我们的家庭住址。如 Windows 平台下的 c:\system32\driver，linux 平台下的/usr/local/src。路径包括相对路径和绝对路径两种。

说明：Windows 平台下路径也可以使用 c:/system32/driver，为了统一，后面的介绍中都使用"/"，"/"理解为"里面"。

1. 相对路径

首先说明什么是当前工作目录，当前工作目录是指当前文件所在的目录。当前工作目录用点"."表示。相对路径是指从当前工作目录开始的路径，如在当前工作目录有一个名为"test.py"文件，则其相对路径表示为"./test.py"。如在当前工作目录下有一个目录"script"，在目录"script"下有一个名为"test.py"文件，则其相对路径表示为"./script/test.py"。

2. 绝对路径

绝对路径是指从根开始的路径。Windows 平台下的根是盘符，linux 平台下的根是"/"。

3. 路径的获取与拼接

os 是 Python 的内置模块，是一个用于访问操作系统功能的模块。在使用前需要使用 import os 语句导入。表 6.3 列出了 os 模块提供的常用方法。

表 6.3　os 模块提供的常用方法

方法名称	语法	描述
name	os.name	判断当前正在使用的平台，Windows 返回'nt'；Linux 返回'posix'，Mac OS 返回'Unix'
getcwd	os.getcwd()	得到当前工作的目录
listdir	os. listdir(path)	返回指定目录下所有的文件名和目录名
remove	os. remove(filename)	删除指定文件
rename	os.rename(src,dst)	重命名目录或文件
rmdir	os.rmdir(dirname)	删除指定目录
mkdir	os. mkdir(dirname)	创建目录
makedirs	os. makedirs (path1/path2/⋯)	创建多级目录
removedirs	os. removedirs(path1/path2/⋯)	删除多级目录

方法名称	语法	描述
chdir	os.chdir(path)	把 path 设为当前工作目录
walk	os.walk(top)	遍历目录树
startfile	os.startfile(path[,operation])	使用关联的应用程序打开 path 文件
abspath	os.path.abspath(path)	获取绝对路径
exists	os.path.exists(path)	判断文件或目录是否存在
join	os.path.join(path,name)	拼接目录与目录或文件名
splitext	os.path.splitext(filename)	分离文件名与扩展名
basename	os.path. basename(path)	从路径中提取文件名
dirname	os.path. dirname(path)	从路径中提取不包括文件名的路径
isdir	os.path.isdir(path)	判断是否为真实存在的路径
isfile	os.path.isfile(path)	判断是否为真实存在的文件

实践：请在 IDLE 交互模式下运行如下代码。

```
>>>import os
>>>os.name
>>>os.getcwd()
>>>os.listdir()
>>>os.linesep
>>>os.sep
>>>os.path
```

如果需要把多个路径拼接起来组成一个新路径，可以使用 os.path.join()方式实现。基本语法格式如下：

```
os.path.join(path1,path2,…)
```

其中，path1,path2,…表示要拼接的路径。如果这些路径中存在绝对路径，则以最后一个绝对路径开始拼接；如果都是相对路径，则拼接得到的也是一个相对路径。

例：

```
>>>os.path.join('/aa/bb/','d:/')          #d:/
>>>os.path.join('./aa/bb/cc','./dd/ee') # ./aa/bb/cc/./dd/ee
```

说明：由于拼接的路径中可能有绝对路径，所以不要使用字符串拼接。

6.2.2 创建目录

os 模块提供了两个创建目录的方法 mkdir( )和 makedirs( )，分别用于创建一级目录和多级目录。

1. 创建一级目录

创建一级目录是指一次只能创建一级目录，基本语法格式如下：

```
os.mkdir(path,mode=0o777)
```

path：目录名称，可以是相当路径，也可以绝对路径。

mode：访问权限，在非 unix 系统上将被忽略。

例：

```
os.mkdir('./ipeg')          #将在当前目录下创建名称为 jpeg 的目录
```

说明：

（1）如果指定的路径包含多级目录，只创建最后一级目录，如果上级目录不存在，则会引发 FileNotFoundError 异常。

（2）如果要创建的目录（或同名的文件）已经存在，则会引发 FileExistsError 异常。

2. 创建多级目录

创建多级目录是指一次可以创建多级目录，基本语法格式如下：

```
os.makedirs(path,mode=0o777)
```

path：目录名称，可以是相对路径，也可以绝对路径。

mode：访问权限，在非 unix 系统上将被忽略。

例：

```
os.makedirs('c:/wwwroot/root/doc')   #将创建 c:/wwwroot/root/doc
```

如果要创建的目录（或同名的文件）已经存在，则会引发 FileExistsError 异常。为了屏蔽该异常出现，在创建目录前先判断目录是否已经存在。实现代码如下：

```
import os
path = 'c:/path'
if not os.path.exists(path):
    os.makedirs(path)
```

6.2.3 删除目录

使用 os 模块的 rmdir( )方法删除空目录，基本语法格式如下：

```
os.rmdir(oath)
```

path：要删除的目录，可以是相对路径，也可以是绝对路径。

例：

```
os.rmdir('c:/wwwroot/root/doc')     #将删除 doc 目录
```

如果要删除的目录不存在会引发 FileNotFoundError 异常，如果不是空目录会引发 OSError 异常。可以使用内置模块 shutil 的 rmtree( ) 方法删除非空目录。

6.2.4 删除文件

使用 os 模块的 remove( )方法删除文件,基本语法格式如下:

```
os.remove(path)
```

path:要删除的文件路径,可以是相对路径,也可以是绝对路径。

例:

```
os.remove('./test.py')        #将删除当前目录下的 test.py 文件
```

如果要删除的文件不存在,会引发 FileNotFoundError 异常。为了屏蔽该异常出现,在删除文件前先判断文件是否已经存在。在同一路径下,可能会存在文件名与目录名相同的情况,为了区别是目录还是文件,可以使用 os 模块的 isdir( )和 isfile( )判断。具体参见后面的动手实践。

6.2.5 重命名文件和目录

使用 os 模块的 rename( )方法重命名文件或目录,基本语法格式如下:

```
os.rename(src,dst)
```

其中,src 为需要重命名的文件或目录;dst 为重命名后的文件或目录。

如果要重命名的文件或目录不存在会引发 FileNotFoundError 异常,如果目标文件名或目录名与现有的文件名或目录名同名会引发 FileExistsError 异常,为了屏蔽异常出现,在操作前先判断原文件或目录及目标文件或目录是否存在。

例:

```
import os
srcpath = 'c:/wwwroot/a'
dstpath - 'c/wwwroot/b'
if os.path.exists(srcpath) and not os.path.exists(dstpath):
    os.rename(srcpath, dstpath)
```

6.2.6 遍历目录

使用 os 模块的 walk( )方法可以遍历目录,基本语法格式如下:

```
os.walk(top[,topdown])
```

top:要遍历的根目录,可以是相对路径,也可以是绝对路径。

topdown:可选参数,用于指定遍历顺序。True 表示先遍历父目录,再遍历子目录;False 表示先遍历子目录,再遍历父目录。

返回值:一个包含 3 个元素(path,dirs,files)的元组生成器对象。Path 为当前路径;dirs 为当前路径下子目录列表;files 为当前路径下的文件列表。

注意：生成器是指仅保存生成算法而不实际生成元素的对象。

例：

```
# _*_ coding:utf-8 _*_
import os
path = "c:\java"                          #请按实际情况修改
for root,dirs,files in os.walk(path):
    for dir in dirs:
        print("目录：{}".format(os.path.join(root,dir)))
    for file in files:
        print("文件：{}".format(os.path.join(root,file)))
```

可能的输出：

目录：c:\java\bin

目录：c:\java\lib

文件：c:\java\COPYRIGHT

文件：c:\java\LICENSE

文件：c:\java\README.txt

文件：c:\java\release

文件：c:\java\THIRDPARTYLICENSEREADME-JAVAFX.txt

文件：c:\java\THIRDPARTYLICENSEREADME.txt

6.2.7 获取文件基本信息

计算机上的每个文件都包含一些基本信息，如创建时间、最后修改时间、最后访问时间、文件大小等信息。在 Python 中，通过 os 模块的 stat( )方法可以获取文件的这些基本信息，基本语法格式如下：

```
os.stat(path)
```

path：要获取基本信息的文件路径，可以是相对路径，也可以是绝对路径。

返回值是一个 stat_result 对象，使用"对象.属性"获取具体信息，见表 6.4。

表 6.4　stat_result 对象的属性

属性	说明	属性	说明
st_mode	保护模式	st_gid	组 ID
st_ino	索引号	st_size	文件大小，单位为字节
st_dev	设备名	st_atime	最后一次访问时间
st_nlink	硬链接数	st_mtime	最后一次修改时间
st_uid	用户 ID	st_ctime	文件的创建时间

【例 6.3】查看当前目录下 test.py 的基本信息，实现代码如下：

```
# _*_ coding:utf-8 _*_
import time
import os
def formattime(utime):
    return time.strftime('%Y-%m-%d %H:%M:%S',time.localtime
(utime))
file_info = os.stat(./test.py')
print('保护模式: ',file_info.st_mode)
print('索引号: ',file_info.st_ino)
print('设备名: ',file_info.st_dev)
print('硬链接数: ',file_info.st_nlink)
print('用户 ID: ',file_info.st_uid)
print('组 ID: ',file_info.st_gid)
print('文件大小: ',file_info.st_size)
print('最后一次访问时间: ',formattime(file_info.st_atime))
print('最后一次修改时间: ',formattime(file_info.st_mtime))
print('文件的创建时间: ',formattime(file_info.st_ctime))
```

输出结果：

保护模式：16895

索引号：1970324837462416

设备名：2226649119

硬链接数：1

用户 ID：0

组 ID：0

文件大小：1674

最后一次访问时间：2018-09-23 09:43:08

最后一次修改时间：2018-09-23 09:43:08

文件的创建时间：2018-09-23 09:43:08

说明：formattime 函数将 Unix 时间转换为我们熟悉的日期时间格式。

训练题 6

1. 单选题

（1）假设与"程序 1.py"所在目录相同的目录下的文件"test.txt"有下列三行内容：

1, 2, 3, 4, 5

ABC

abc123

运行程序（代码如下）：

```
# 程序 1.py 代码
with open(r'test.txt','r') as f:
    s=f.readline()
print(s)
```

则输出的内容是（　　）。

　　A. 1,2,3,4,5　　　　B. ABC　　　　　　C. abc123　　　　　　　D. 全部内容

（2）假设与"程序 1.py"所在目录相同的目录下的文件"test.txt"有下列三行内容：

1, 2, 3, 4, 5

ABC

abc123

运行程序（代码如下）：

```
# 程序 1.py 代码
with open('test.txt','w') as f:
    f.write("测试字符串1")
```

文件"test.txt"内容共有（　　）。

　　A. 1 行　　　　　　B. 2 行　　　　　　C. 3 行　　　　　　　　D. 4 行

（3）假设当前目录下有且只有"tools"与"img"两个空目录，在当前目录下执行程序：

```
import os
os.mkdir('./ipeg')
os.rmdir("./img")
```

则当前下有目录（　　）。

　　A. tools、jpeg、img　　　　　　　　B. tools、img

　　C. tools、jpeg　　　　　　　　　　　D. jpeg、img

2. 编程实践

（1）找文件：请在某个目录下的扩展名为"txt"的文件中追加一行'被我找到了'，如果没有找到文件则输出"没有找到文件"，否则输出"已追加文件 X 个"。

输出格式：没有找到文件

　　　　　已追加文件 X 个

（2）成绩单：某校开展"班班有歌声"演唱比赛活动。由若干评委给每个参赛班级现场打分，去掉一个最高分和一个最低分后的平均分即为演唱班级得分。在当前目录有一个文本文件"成绩单.txt"，请在当前目录编写一个程序实现：输入空格隔开的评委

评分，输出评委打分和该班得分（保留2位小数），并把得分追加到文件"成绩单.txt"中。

输入样例：

请输入评委打分（空格隔开）：33 45 44 87

输出样例：

评委亮分：33 45 44 87

最后得分：44.50

文本内容样例：每行记录一个班的成绩，如图6.2所示。

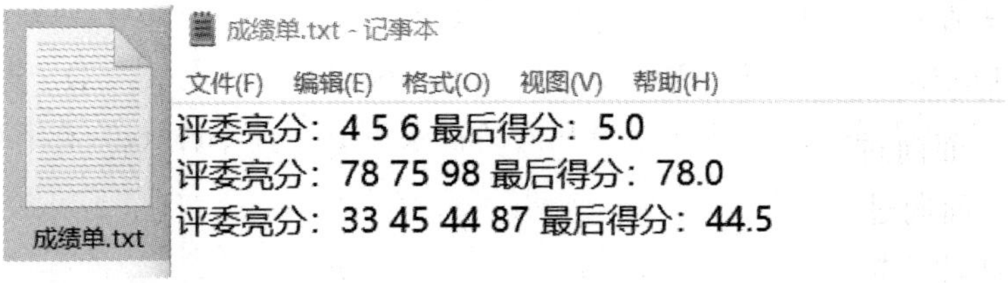

图 6.2 文本内容样例

学后反思

请梳理本章涉及知识要点，你认为什么方法或策略是学会本章内容的关键？还需要老师提供何种帮助？

第7章　面向对象编程基础

在前面的章节中，我们解决问题的思想是先把一个问题分解为几个步骤，然后逐一实现每个步骤，如果某个步骤比较复杂，还需要把这个步骤分解成许多子步骤，直到问题得以解决为止。我们把这种自顶向下、逐步求精、分而治之的编程过程叫作面向过程编程。面向过程编程关注每个过程的具体实现。随着计算机技术的发展，软件越来越复杂，面向过程编程的方法已经难以设计出大型软件。20世纪60年代，人们提出了更具灵活性、扩展性面向对象编程（Object Oriented Programming，OOP）思想，使软件设计更加灵活，并能更好地进行代码复用。本章将介绍面向对象编程技术的基础知识。

7.1　面向对象编程概述

面向对象编程，即是把要解决的问题分解成很多对象，编程人员主要关注在什么条件下对象做什么事情，而不关注对象做事情的具体过程。

想象这样的场景：屏幕下方每隔1 s就会出现大小、颜色各异的多个气球，每个气球缓缓上升，最后飘出屏幕。该怎样模拟这个场景呢？

面向"过程"编程的思想，首先设计好控制气球大小、颜色、运动的各个函数，然后设计一个每隔1 s执行1次的循环，最后在每次循环中去调用这些函数；而面向"对象"编程的思想，首先把气球当成一个大小、颜色、运动由自己决定的对象，然后设计一个每隔1 s执行1次的循环，在每次循环中产生几个新气球即可。

面向对象编程的基础是对象，每个对象都有属于自己的数据（属性）和操作这些数据的函数（方法）。在设计软件时，首先要仔细分析每个对象都有哪些属性以及哪些方法，构造出对象的"模板"，然后再根据这个"模板"生成具体的对象。

学习面向对象编程，需要理解两个基本概念：类、对象，灵活运用封装、继承、多态的编程思想。

1. 类

类就是"模板"，是用来生成具体对象的"模型"。比如工厂生产玩具的模具就是类。类是对现实生活中一类具有共同特征的事物的抽象，是一种自定义数据类型，每个类都包含相应的数据（属性）和操作数据的函数（方法）。编写类是面向对象编程的前期主要工作。

2. 对　象

对象是根据类创建的一个个实体，比如工厂根据模具生产出来的具体的玩具。

3. 封　装

封装是面向对象编程的核心思想，是指将对象的属性和方法绑定到一起的过程。可以选择性地隐藏属性和隐藏实现细节。

4. 继　承

继承是指类与类之间的关系，如果一个类（A）除了具有另一个类（B）的全部功能外，还有自己的特殊功能，这时类 A 就可以继承于类 B，从而减少代码的书写，提高代码复用性。

5. 多　态

多态是指子类和父类具有相同的行为名称，但这种行为在子类和父类中表现的实际效果却不相同。比如父亲有"跑"的行为，儿子也有"跑"的行为，但父亲跑得更快一些，儿子跑得慢一些。具体实现方法是在子类中重写父类的方法。

7.2　类的创建与使用

7.2.1　类的创建

在 Python 中，定义类的基本语法如下：

```
class ClassName( ):
    class_suite  #类体
```

其中，ClassName 为类的名字，Python 建议类名采用"大驼峰式命名法"（即每个英语单词的首字母大写）；class_suite 为类体，主要由属性、方法等语句组成。

【例 7.1】定义一个 Dog 类，代码如下：

```
class Dog():
def run(self):
print("Dog is running")
```

7.2.2　创建类实例

上面定义了一个 Dog 类，但仅仅是一个"模具"，有了这个"模具"，就可以创建很多"狗"，根据"模具"创建"狗"，称为创建类的实例（对象），语法如下：

```
object = ClassName()
```

其中，ClassName 为类名；object 为根据类创建的实例对象。例如，根据前面的 Dog 类创建一个实例对象。

```
dog = Dog()          #创建 Dog 类实例
dog.run()            #调用 dog 的 run 方法
```

运行效果如图 7.1 所示。

在上面定义 Dog 类的代码中，run(self)方法中的 self 是指实例本身，Python 解释器会自动把实例对象本身传入，无须显示传入，如 dog.run(dog)，将会引发"TypeError"异常。

图 7.1　运行效果

7.2.3　__init__()方法

Python 中，当实例对象被创建或销毁时，会默认调用一些特殊方法。其中__init__()方法就是创建一个实例对象时将会自动调用的方法。通常情况，我们会把一些需要对对象进行初始化的操作放在这个方法里面。现在改写上面的 Dog 类，当创建对象时，完成对颜色、体重、身高进行初始化的功能。

```
class Dog():
  def __init__(self,color,weight,height):
      self.color = color
      self.weight = weight
      self.height = height
dog = Dog('black',30,40)
print(dog.color,dog.weight,dog.height)
```

输出：black 30 40

第 3、4、5 行代码的功能是创建实例属性并初始化。

说明：

（1）__init__()方法中必须要有 1 个表示实例对象本身的参数，习惯取名为 self。

（2）__init__()方法中除了第 1 个参数表示实例对象本身的参数外，还可以自定义其他参数，参数之间用逗号","隔开。

7.2.4　类成员创建与访问

类的成员主要由类方法、实例方法、类属性和实例属性、静态方法等组成。下面先给出一个例子说明这些成员在形式上的区别。

```
class Student():
```

```
         sum = 0                        #类属性
         def __init__(self,name):       #实例方法
             self.name = name           #实例属性
             sum +=1
         def study(self):               #实例方法
             print(self.name +"is learning……")
         @classmethod                   #类方法装饰器
         def get_total(cls):            #类方法
             print("学生总数：%d" %(sum))
         @staticmethod                  #静态方法装饰器
         def print_sum():               #静态方法
             print(Student.sum)
```

通过前面章节的学习，已经熟悉了变量和函数的概念，在类体中，我们把与变量类似的对象称为属性，与函数类似的对象称为方法。凡是前面有"self."标识的属性叫作实例属性，没有这种标识的叫作类属性，把参数中有"self"的方法叫作实例方法，把用@classmethod 装饰器装饰的方法叫作类方法，把用@staticmethod 装饰器装饰的方法叫作静态方法。

本节只介绍实例方法和属性的创建与访问。

1. 实例方法的创建和访问

创建实例方法的语法格式：

```
def functionname(self,parmeterlist):
    block
```

其中，functionname 为方法名，一般使用小写字母开头；self 为必要参数，表示类的实例对象，名称可以是任何合法的 Python 标识符，使用 self 只是习惯而已；parmeterlist 为其他参数，参数之间用逗号"，"隔开；block 为方法中的语句块。

访问实例方法的语法格式：

```
实例名. functionname(parmeterlist)
```

2. 属性的创建和访问

根据属性定义时的位置，属性分为类属性和实例属性。

类属性：定义在类中，并且在方法体外的属性叫作类属性。类属性主要用于在类的实例对象之间共享值。访问类属性可以通过"类名.类属性"或"实例名.类属性"访问。

实例属性：定义在方法体中的属性叫作实例属性。实例属性属于实例对象所有。访问实例属性只能通过"实例名.实例属性"访问。

【例 7.2】创建一个学生类，能记录通过该类创建的男生与女生的个数。

```
class Student():
```

```
    male = 0
    female = 0
    def __init__(self,name,sex):
       self.name = name
       self.sex = sex
       if sex =='男':
          Student.male +=1
       else:
          Student.female +=1
zhang = Student('张帅', '男')
wang = Student('王兰', '女')
print(Student.male,Student.female)          #通过类名访问类属性
print(zhang.male,wang.female)               #通过实例名访问类属性
print(zhang.name)                           #访问实例属性
```

输出：

```
1  1
1  1
张霞
```

说明：通过"实例名.类属性 = 值"的形式并不能修改类属性，而是增加同名的实例属性。

知识拓展：创建实例对象时，Python 解释器会根据类的定义，为每个实例划分一块内存空间用于保存实例属性和一些特殊的属性，类属性、实例方法、类方法并不复制到这块空间中。

7.3 数据封装与访问限制

7.3.1 数据封装

封装是面向对象编程的核心思想，封装的主要目的是把属性和方法绑定到一起，以接口的形式提供给使用者，使用者不必了解接口内部是怎么实现的，只需调用接口就可以获得希望的结果。

【例 7.3】打印名片。

```
class Card():
   def __init__(self,name,sex,tel,address):
     self.name = name
```

```
        self.sex = sex
        self.tel =tel
        self.address = address
    def print_card(self):                    #print_card()就是对外的接口
        print('='*30)
        print('姓名: ',self.name,''*10,'性别: ',self.sex)
        print('联系电话: ',self.tel)
        print('地址: ',self.address)
        print('='*30)
p = Card('张三','男',13888888888,'贵州省贵阳市云岩区飞山街')
p.print_card()
```

输出：

```
==============================
姓名: 张三   性别: 男
联系电话: 13888888888
地址: 贵州省贵阳市云岩区飞山街
==============================
```

解析：面向对象编程的基本单元是对象，用户只需关注对象能做什么，不需要考虑这些功能是怎么实现的，直接调用即可。在本例中我们生产了 1 个对象 p，接下来只需关注 p 能做什么就行了，而不考虑怎样把 p 中的数据提取出来，以及如何打印成名片。如果把定义类的代码看成 1 条语句的话，这段代码就只有 3 条语句：定义类、创建实例对象、调用对象的接口。根据经验，在分析面向对象编程时，考虑定义类是一个人（生产者），使用类是另一个人（用户，消费者）。

但是，我们总得要在某个地方编写打印名片的具体过程，由于名片所需的数据都来自实例本身，因此，可以把这些具体的操作过程写到类里面，对外提供 print_card（ ）方法，供用户直接调用，这样用户就不需要知道（关注）print_card（ ）方法内部是如何实现的，从而达到了隐藏内部的复杂逻辑的目的，这就是封装。这里的 print_card（ ）方法也称接口、API（应用程序接口）。计算机主机上的接口也是这个意思。

为什么使用 Python 编程简单，原因就是它丰富的库已经写好了很多类，里面封装了很多接口，只需调用这些接口就能完成许多功能。

7.3.2 访问限制

在 Python 中，可以通过类似"实例名.实例属性"的形式直接修改数据，有时需要禁止这种访问方式来保证数据的完整性和有效性，Python 提供的解决方案是在属性和方法名前面加下划线来限制访问权限。

（1）单下划线：表示只运行类本身和子类访问，但不能使用 from 模块 import *

语句导入。

（2）首尾双下划线：表示特殊方法。

（3）只有双下划线开头：只允许定义该方法的类本身进行访问，也不能通过实例对象来访问。

【例 7.4】实践双下划线限制访问权限。

```
class Dog():
    def __init__(self,name):
        self.__name = name          #加双下划线，限制访问
    def get_name(self):
        return self.__name          #在类中访问
tom = Dog("Tom")
print(tom.get_name())
print(tom.__name)                   #通过实例对象访问
```

运行结果如图 7.2 所示。

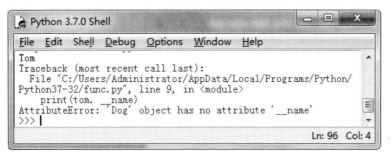

图 7.2　运行结果

可以看出，在类中是能够访问的，但不能通过实例对象访问，从而达到了保护的目的。

知识拓展：

（1）加双下划线后，Python 内部做了什么事情？其实 Python 只是在这些属性和方法名前增加了"_类名"而已。因此，即使加了双下划线，也可以通过"实例名._类名__XXX"方式访问，比如本例中就可以使用 tom._Dog__name 访问。

（2）对属性的进一步控制可以通过@property 装饰器实现，请参考其他资料。

7.4　继承和多态

7.4.1　继　承

我们在前面定义了一个 Dog 类，狗有很多种类，假设现在需要一个哈士奇（Husky）

类，是不是要重新定义一个新类呢？哈士奇具有狗的一般特征，同时又有自己的特征。与自然界中的遗传类似，由此我们可以想到让哈士奇类继承于狗类。

继承的语法格式：

```
class ClassName(baseclasslist):
    class_suite   #类体
```

其中，ClassName 为类的名字；baseclasslist 为要继承的基类列表，类名之间用逗号（,）隔开，如果不指定，默认为所有类的根 object；class_suite 为类体，主要由属性、方法等语句组成。

在继承关系中，把被继承的类叫作父类或基类，新的类叫子类或派生类。下面写出 Husky 类继承于 Dog 类的例子。

```
class Dog():
    def run(self):
    print("Dog is running")
class Husky(Dog):
    pass
hsk= Husky( )
hsk.run()
```

输出：Dog is running

说明：Husky 类继承了 Dog 类的 run 方法。下面编写一个案例来探索下面这些问题：

（1）什么样的属性和方法可以被继承？

（2）当多个父类中有相同的属性和方法时，是继承哪一个父类的？

（3）怎样重写父类方法？

```
class Animal(object):              #定义 Animal 类
    def __init__(self):
        self.ears = 2
    def eat(self):
        print("Animal is eating ……")
class Dog(Animal):                 #定义 Dog 类,继承 Animal 类
    def __init__(self):
        super().__init__()
        self._name = 'dog'
        self.__color = 'white'     #定义私有属性
        self.leg = 4
    def run(self):
        print("Dog is running")
    def eat(self):
```

```
            print('Dog is eating ……')
    class Shape(object):                    #定义 Shape 类
        def __init__(self):
            self.height = 40
    class Husky(Dog,Shape):                 #定义 Husky, 同时继承 Dog 类, Shape 类
        def __init__(self):
            Dog.__init__(self)
            Shape.__init__(self)
    hsk= Husky()                            #创建 Husky 的实例对象
    hsk.eat()                               #调用 hsk 的 eat()方法
    print(dir(hsk))                         # 查看 hsk 的所有属性和方法
```

输出结果：

```
['_Dog__color', '__class__', '__delattr__', '__dict__',
'__dir__', '__doc__', '__eq__', '__format__', '__ge__', '__
getattribute__', '__gt__', '__hash__', '__init__', '__init_
subclass__', '__le__', '__lt__', '__module__', '__ne__', '__new
__', '__reduce__', '__reduce_ex__', '__repr__', '__setattr__',
'__sizeof__', '__str__', '__subclasshook__', '__weakref__',
'_name', 'ears', 'eat', 'height', 'leg', 'run']
Dog is eating ……
```

总结：

假设子类的定义格式：

class 子类（父类 1，父类 2，…）

（1）以双下划线开头的实例属性是私有属性，不能被继承，如案例中的__color 属性。

（2）如果一个子类继承多个父类，子类的实例对象搜索方法和属性的顺序是：子类本身、父类 1、父类 2、…、父类 1 的父类、父类 2 的父类…直到找到为止，也即广度优先搜索。

（3）如果子类中没有重写__init__( )方法，则子类会默认调用父类 1 的__init__( )方法。

（4）调用父类__init__( )方法有两种格式：①super().__init__()，这种形式只调用父类 1 的__init__()方法；②父类名.__init__(self)。

（5）子类与父类有相同的方法，但功能不同时，重写父类同名方法即可。

（6）使用继承的好处之一是可以代码复用、提高效率。

知识拓展：如果要判断对象是什么数据类型，可以用 type 和 isinstance 函数。

7.4.2 多 态

多态是指同一个对象在不同的情况下有不同的状态。由于 Python 的变量不需声明类型，所以从严格意义上说 Python 并不支持多态，但是可以模拟多态。

通过本章的学习，我们了解了面向对象编程技术中类的概念和使用方法，详细介绍了封装、继承的相关内容，但是，这些只是面向对象编程的入门知识。当然，并不是所有程序都需要面向对象，如果面向过程编程能够轻松实现的，就不必使用类。

训练题 7

1. 填空

（1）面向对象程序设计的三大特性是_____ 、_____、_____。

（2）如果不允许外部访问类的内部数据，可以给内部属性添加_____个下划线。

（3）Python3 中默认继承_____类，它是所有类的基类（父类）。

（4）在定义类时，实例方法的第一个参数习惯性写成_____，而类方法的第一个参数习惯性写成_____。

（5）属性分为类属性和实例属性，实例对象_____访问类属性。

2. 编程实践

（1）请你定义一个学生（Student）类，给定姓名（name）、年龄（age）等私有属性（可通过 get 和 set 方法进行访问），并至少设定一个方法（如 playBasketball 等），并实例化一个学生实例。

（2）猜数字游戏：一个类 ClsA 有一个成员变量 num，设定一个初值（如 64）。定义一个类 ClsB，对 ClsA 的成员变量 num 进行猜。如果输入的数字大了则提示大了，小了则提示小了，等于则提示"猜测成功"。

（3）请定义一个汽车工具（Vehicle）的类，属性有速度（speed）、体积(volume)、车牌编号（number）、颜色（color）等，方法有移动（move( )）、设置速度（setSpeed(int speed)）、体积（setSize(int size)）、加速（speedUp( )）、减速（speedDown( )）等。实例化一个 Vehicle，并使用它的加速、减速方法。

（4）在第（3）题基础上，定义一个新类 Car 继承 Vehicle，重写加速（speedUp()）和（speedDown()）功能，使加速和减速为 Vehicle 的 2 倍，并重新实例化一个 Car 实例。根据物理学知识，计算在初始速度下加速 5 s 后匀速运行 1 min，能够运行多少米。

学后反思

请梳理本章涉及知识要点，你认为什么方法或策略是学会本章内容的关键？还需要老师提供何种帮助？

第8章 计算思维与项目式教学实践

中小学信息技术（科技）新课标要求培养学生的学科核心素养，主要包括信息意识、计算思维、数字化学习与创新、信息社会责任。这四个维度以计算思维为根基，有各自的特征，互相支持、互相渗透，共同促进信息技术学科核心素养提升。

8.1 掌握计算思维——突破学科边界

计算思维正在走出计算机科学乃至自然科学领域，向社会科学领域拓展，显现为一种新的具有广泛意义的思想方法，并形成了丰厚的思想内涵。学习 Python 不是要去死记硬背那些命令与函数，更重要的是了解和掌握解决问题背后的计算思维，以提升学习和工作效率。

计算思维是一种教授学生像计算机一样思考来解决问题的方法。学术一点来说，即计算思维是一种利用计算机科学的基本概念来解决问题、进行系统设计和理解人类行为的方法。

项目式学习（Project Based Learning）是一种基于项目动态的学习方法，通过 PBL 学生们主动探索现实世界的问题和挑战，在这个过程中领会到更深刻的知识和技能。项目式学习与学科核心素养的逻辑关系如图 8.1 所示。

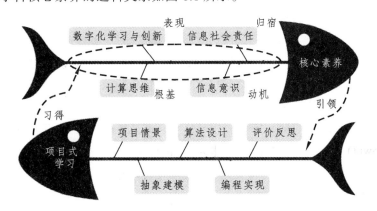

核心素养引领项目式学习　项目式学习习得核心素养

图 8.1　项目式学习与学科核心素养逻辑关系

8.1.1 计算思维的概念演进

2006 年 3 月，美国卡内基·梅隆大学计算机科学系主任周以真（Jeannette M. Wing）教授在美国计算机权威期刊 *Communications of the ACM* 杂志上给出并定义的计算思维（Computational Thinking）：是运用计算机科学的基础概念进行问题求解、系统设计及人类行为理解等涵盖计算机科学的广度的一系列思维活动。

2011 年，周以真再次更新定义提出计算思维包括算法、分解、抽象、概括和调试五个基本要素。

2013 年，英国南安普敦大学的 Cynthia Selby 博士和 John Woollard 博士提出计算思维包括算法思维、评估、分解、抽象、概括这五个方面的要素。

2015 年，国际教育技术协会（ISTE）和计算机科学教师协会（CSTA）指出：计算思维是一个用来解决问题的过程，该过程包括问题结构化、数据分析、模型建设、算法设计、方案实施和应用迁移等特征。

2017 年，我国颁布的《普通高中信息技术课程标准（2017 年版）》将计算思维定义为：个体运用计算机科学领域的思想方法，在形成问题解决方案的过程中产生的一系列思维活动。

8.1.2 计算思维的要素解读

用计算思维解决问题，主要包含分解、抽象、算法、调试、迭代、泛化等思维流程，如图 8.2 所示。

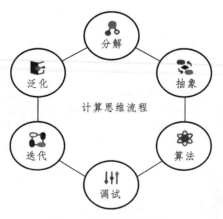

图 8.2　计算思维流程

（1）分解：是指将事物拆分为多个组成其基本结构的部分。这其实是一项重要的学习能力，因为它教会学生如何通过将大的整块信息，细分成相对较小的部分逐一了解，有利于降低认知难度，从而更有效率地学习。这在系统设计中是一种自上而下的分析方法。

（2）识别：这里特指模式识别，是指学生找到事物的特征，然后分析总结这个特征模式来得出逻辑答案。模式匹配引导学生寻找事物之间的共性。作为人类，我们倾向于寻找事物的特征，以便理解它们。

（3）抽象：即抽取关键的重要信息。抽象是很重要的，因为学生通常认为他们在一个问题中得到的所有信息都是用来解决问题的，但这并不一定是正确的。去除不适合或无用的信息对学生来说确实是一项有价值的技能。这不仅仅是需要学会反复检查信息（数据），也需要学习如何自我调整，探索问题的真正解决方案。

（4）建模：即建立模型。就是为了理解事物而对事物做出的一种抽象，是对事物的一种无歧义的书面描述。建立系统模型的过程，是对当前一类问题及具体算法的提炼、再封装，使其输入、输出可靠稳定，可用于解决一大类问题。

（5）算法：是完成一项任务的程序步骤列表。在这个过程中，学生们会创建一系列步骤来解决他们所面对的问题。学生应该能够清晰地编写算法，这样任何人都可以按照设计的算法来指导完成任务或解决问题。

（6）评估：一旦有了一个可行的解决方案，就需要使用相应的评估方法来分析/评价它：它正确有效吗？还能改进让效率或结果更好、更可靠吗？我们要如何去做？

（7）泛化：这里泛化是指调整/优化现有模型以解决新的问题，或一类问题。这个能力也相当重要，这就是常说的举一反三。在人工智能领域，模型的泛化能力往往决定了这个模型在实际应用中的真正优劣。而对于学生学习，泛化主要是学生能够归纳问题、把一类问题一般化的能力。当然，对于学生来说还有一些能力，如迁移学习的能力，诸如跨领域的灵感，用一个领域的模型，针对性地改进去解决另一个领域的问题。

8.1.3 用计算思维解决问题的一般过程

计算机思维不是知识和工具本身，是一种使用工具高效解决问题的思想方法。计算思维解决问题简单概括为四个步骤：分解问题、模式识别、抽象具化及算法开发，如图 8.3 所示。

图 8.3 计算思维解决问题四步骤

（1）分解问题：遇到问题后，我们需要先将问题分解，大问题拆解成小问题，把复杂问题拆解成简单问题，把新问题拆分成若干老问题。其目的就是让我们解决问题的时候更容易处理。

（2）模式识别：简单来说就是找到事物规律，然后不断复制重复执行。通过掌握识别规律就可以轻松掌握并加以运用，去解决问题。

（3）抽象化：看待问题要抓住主要的、本质的东西，忽略次要的、不必要的，去繁求简。

（4）算法开发：解决问题的方法、步骤。算法的优劣取决于运行算法的复杂度。算法设计必须考虑执行算法所需的资源，算法的时间复杂度越低，算法的效率越高。

8.1.4　立足学生发展的计算思维培养

在技术进步带来生活和学习变革的背景下，越来越需要将课堂上的计算能力重新定义为一种内在的社交和习得技能。学生使用计算机必须超越消费信息或做诸如阅读、写作或演讲之类的日常工作，还包括利用数字设备提高学科学习、批判性思维和自我表达的技能。学生需要有机会创造、解码、分析、定制或以其他方式利用计算机程序或预测模型来解决问题或支持他们的学习目标。

从学生发展的视角看，具备计算思维的学生能更好地理解现实世界和虚拟世界之间的联系及各种新兴的信息化事物，能利用计算机科学的概念、原理、思想在复杂度越来越高的信息社会中更高效、更创造性地解决问题，适应趋于高度数字化、人工智能化的社会并创造丰富多样的社会价值。对于如何进行计算思维的培养，我们进行了一些探索和实践，概括为以下三点。

（1）学科思想建构是培养计算思维的基础。这要求我们在进行学科教学时，不应停留于知识和技术的浅层教学，而应该挖掘学科教学中计算机工作原理、典型程序算法、学科理论的巧妙之处让学生体会、理解、内化，对计算机科学原理和信息技术学科思想和方法有本质的认识。

（2）问题解决能力是提升信息素养的核心。

（3）真实情景创设是触发深度学习的关键。有效创设计算思维培养的问题情景，主要包括在现实生活中创设问题情景，在游戏编程中创设问题情景，结合计算机科学的典型算法创设问题情景等，详细参见 8.2 项目式教学实践案例。

8.2　少做无用功——排序算法专题

排序算法在计算机算法中占有重要的位置。在历史上，它也曾经是人们研究最多的一类算法。今天，虽然人们觉得大部分算法问题已经解决，但是它们依然是最基础的、使用频率最高的算法之一。对于学习计算机科学的人来讲，排序算法是打开计算机科学之门的一把钥匙。因此，这一节我们就通过一个游戏问题讨论排序算法，了解一些让计算机少做无用功的门道。

有一个猜数游戏：甲先想好一个小于 1 000 的自然数，乙的任务是猜出这个数。乙每猜一个数，甲会说"大了""小了"或"正确"。如果你是乙，你能保证在十次之内猜中吗？

将一组数据按从小到大（或从大到小）的顺序排列就称为排序，实现排序的方法就称为排序算法。虽然 Python 已经提供了 sort( )方法用于排序，但是排序方法是如何工作的呢？下面介绍几种经典的排序算法和二分查找法。

假设列表 li = [33,11,23,67,46,2]，现要求将列表变为 li = [2,11,23,33,46,67]。

1. 冒泡排序

算法分析：依次比较相邻的两个数，将小数放在前面，大数放在后面。

第一趟：首先比较第 1 个和第 2 个数，将小数放前，大数放后。然后比较第 2 个数和第 3 个数，将小数放前，大数放后，以此类推，直到比较最后两个数，将小数放前，大数放后。最后一个数为最大数。

第二趟：首先比较第 1 个和第 2 个数，将小数放前，大数放后。然后比较第 2 个数和第 3 个数，将小数放前，大数放后，以此类推，直到比较除最后一个数外的两个数，将小数放前，大数放后。

重复以上过程，直到最后一趟只比较第 1 个和第 2 个数时为止，如图 8.4 所示。

实现代码：

```
def bubble_sort(li):
    """冒泡排序算法"""
    n=len(li)-1
    for i in range(n):
        for j in range(n-i):
            if li[j] > li[j+1]:
                li[j] , li[j+1] = li[j+1] , li[j]        #交换两个数
li = [33,11,23,67,46,2]
bubble_sort(li)
print(li)
```

第一趟结果：li = [11,23,33,46,2,67]

第二趟结果：li = [11,23,33,2,46,67]

第三趟结果：li = [11,23,2,33,46,67]

第四趟结果：li = [11,2,23,33,46,67]

第五趟结果：li = [2,11,23,33,46,67]

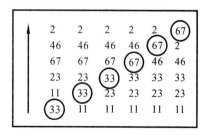

图 8.4　冒泡排序

2. 选择排序

算法分析：首先比较第 1 个和第 2 个数，将小数放前，大数放后；然后比较第 1 个数和第 3 个数，将小数放前，大数放后，如此继续，直至比较第 1 个数和最后 1 个数为止。得到最小的一个元素，存放在第 1 个位置。用第 2 个数与后面的所有数比较，得到第 2

小的元素，存放到第 2 个位置，重复这个步骤，直到全部待排序的数据元素排完。即第一趟找到最小（最大）元素放到第 1 个位置，第二趟找到第二小（大）的元素放到第 2 个位置……

实现代码：

```
def select_sort(li):
    """选择排序算法"""
    n=len(li)
    for i in range(n):
        for j in range(i+1, n):
            if li[i] > li[j]:
                li[i] , li[j] = li[j] , li[i]
li = [33,11,23,67,46,2]
select _sort(li)
print(li)
```

第一趟结果：li = [2,33,23,46,67,11]

第二趟结果：li = [2,11,23,46,67,33]

第三趟结果：li = [2,11,23,46,67,33]

第四趟结果：li = [2,11,23,33,67,46]

第五趟结果：li = [2,11,23,33,46,67]

每次比较时，如果前面的数大于后面的数则交换。可以修改为不交换，只记录位置，待一趟比较完成后再交换。这样每一趟只交换 1 次，可以缩短运行时间，请你试试怎样修改代码。

3. 插入排序

算法分析：第一趟比较第 2 个元素和第 1 个元素，将小数放前，大数放后；第二趟比较第 3 个元素和第 2 个元素，将小数放前，大数放后，再比较第 2 个元素和第 1 元素，将小数放前，大数放后；第三趟比较第 4 个元素和第 3 个元素，将小数放前，大数放后，再比较第 3 个元素和第 2 个元素，将小数放前，大数放后，再比较第 2 个元素和第 1 元素，将小数放前，大数放后。

比较时，如果后一元素不小于前一元素，则本趟结束。

如此继续，直到全部待排序的数据元素排完。

实现代码：

```
def insert_sort(li):
    """插入排序算法"""
    n = len(li)
    for i in range(1,n):
```

```
            for j in range(i, 0, -1):
                if li[j] < li[j-1]:              #如果后一个数小于前一个数
                    li[j],li[j-1] =  li[j-1],li[j]     #交换
                else:                            #否则本趟结束
                    break
li = [33,11,23,67,46,2]
insertt _sort(li)
print(li)
```

第一趟结果：li = [11,33,23,46,67,2]

第二趟结果：li = [11,23,33,46,67,2]

第三趟结果：li = [11,23,33,46,67,2]

第四趟结果：li = [11,23,33,46,67,2]

第五趟结果：li = [2,11,23,33,46,67]

上面的排序算法直观、容易理解。为什么计算机专家们还要研究更多的算法呢？主要是希望让计算机少做无用功、提高效率。举例的数据规模很小，哪种算法耗时都差不多。但是工业界的一些应用，数据规模巨大，算法优劣就会使计算机处理效率产生极大的差异。

比如插入排序，将小的数字插入（列表）数组的前面，大的插入后面，因此扫描完一遍列表，应该就能够排好序了。这就好比打扑克牌时的抓牌过程，一边抓牌，一边将新抓起的牌插入相应的位置，如图 8.5 所示。对于未排序数组，我们不断从后向前扫描，这就相当于从后向前摸牌，对于每一个拿到手上的元素，我们找到相应的位置插入。最后所有的元素扫描一遍，全部插入相应的位置，也就实现了排序。

图 8.5　插入排序

这种算法看上去只扫描了一遍数据，其实不然。为什么呢？我们不妨看看一个规范化后的插入排序过程。

首先，我们把最后一个元素 a[N]拿出来，和第一个元素 a[1]比较，比 a[1]小就放在 a[1]的前面，比 a[1]大就放在 a[1]的后面，成为数组中的第二个元素。这时这两个元素排好了序。不过，上述操作在完成之前需要做一个准备工作，就是在 a[1]之前，或者 a[1]和 a[2]之间给新插进来的元素 a[N]留一个空位。摸扑克牌、插扑克牌没有这个问题，直接把牌插入即可，但是数组中的元素是一个连着一个存放的，中间没有空位。

因此，要给新来的元素腾地方，就要把所有的元素往后挪。于是，这样一来插入一个元素的操作就不是一次了。

4. 快速排序

算法分析：以第 1 个元素为比较对象，把后面凡是比第 1 个元素大的排在右边，凡是比第 1 个元素小的排在左边，然后分别对左边和右边进行递归排序。

第一轮：首先从最后 1 个元素开始依次与第 1 个元素比较，如果找到了比第 1 个元素小的时候就停下来（假设此时位置为 j），然后从前面第 1 个元素开始依次与第 1 个元素比较，如果找到了比第 1 个元素大的时候就停下来（假设此时位置为 i），交换位置 i 和位置 j 的 2 个元素，接下来从位置 j 开始依次与第 1 个元素比较，如果找到了比第 1 个元素小的时候又停下来，然后从位置 i 开始依次与第 1 个元素比较，如果找到了比第 1 个元素大的时候又停下来，再次交换，如此继续，直到 i 和 j 相等时，把第 1 个元素与第 i（或 j）个元素交换。

第二轮：按照第一轮的方法，分别把左边和右边进行排序，直到全部排完为止。

实现代码：

```python
def quick_sort(li,low,hight):
    if  low >=  hight:
        return
    i = low
    j = hight
    while i<j:
        while i<j and li[j] >= li[low]:
            j-=1
        while i<j and li[i] <= li[low]:
            i+=1
        li[i],li[j] = li[j],li[i]
    li[low],li[i] = li[i],li[low]
    quick_sort(li,low,i-1)
    quick_sort(li,i+1,hight)
li = [33,11,23,67,46,2]
quick _sort(li,0,len(li)-1)
print(li)
```

第一轮结果：li = [2,11,22,33,46,67]

第二轮结果：li = [2,11,22,33,46,67]

快速排序的思想是将原问题划分成几个小问题，然后递归地解决这些小问题，最后综合它们的解得到问题的解，这就是分治思想。快速排序是最快的通用内部排序算法，有多种实现方法，但基本思想都是通过一趟比较后，这些数据被分成了 3 个部分，左边、中间（1 个数）、右边，中间这个数的位置已经确定。然后再递归对左边、右边进行排序。

我们可以得到这样的启发，如果是要求这些数按从小到大排序，那么第一趟结束后，就知道了中间这个数是第几小。

5. 二分查找法

算法分析：二分查找也称折半查找，是一种效率较高的查找方法。但它仅适用于已经排好序的序列。其基本思路是：首先将给定值 K 先与序列中间位置元素比较，若相等，则查找结束；若不等，则根据 K 与中间元素的大小，确定是在前半部分还是后半部分中继续查找。这样逐渐缩小范围进行同样的查找。如此反复，直到找到（或查找范围的长度为 0）为止。

我们来模拟前面的猜数游戏，实现代码：

```python
import random
total = 0
expr = ["甲得意地说：","甲做了个鬼脸说：","甲高高蹦了一下说："]
def search(li, k):
    """二分法查找"""
    global total
    total +=1
    mid = len(li) // 2
    if len(li) > 0:
      if k == li[mid]:
          print("乙猜的数：",li[mid],"甲低下头，小声说：猜中了")
          return True
      elif k < li[mid]:
          print("乙猜的数：",li[mid],expr[random.randrange(0,
len(expr))]+"大了")
          return search(li[:mid], k)
      else:
          print("乙猜的数：",li[mid],expr[random.randrange(0,
len(expr))]+"小了")
          return search(li[mid+1:], k)
    else:
        return False
li = [i for i in range(1,1000)]
```

```
answer = random.randrange(1, 1000)
print("甲想的数: ",answer)
search(li,answer)
print("共: ",total,"次")
```

6. 蒂姆排序

蒂姆排序最初是在 Python 程序语言中实现的，今天它依然是这种程序语言默认的排序算法。蒂姆排序这个名字来源于该算法的发明人蒂姆·彼得斯（TimPeters）。他在 2002 年发明了一种将两种排序算法的特点相结合（插入排序节省内存、归并排序节省时间），最坏时间复杂度控制在 $O(N\log M)$ 量级，同时还能够保证排序稳定性这样一举三得的混合排序算法。它是今天 Java 和安卓（Android）操作系统内部使用的排序算法。

蒂姆排序可以被看成是以块为单位的归并排序，而这些块内部的元素是排好序的（无论是从小到大，还是从大到小排序均可）。任何一个随机序列内部通常都有很多递增（从小到大）的子序列或者递减（从大到小）的子序列。相邻两个数总是一大一小交替出现的情况并不多，这个数组中的元素总是连续几个数值下降，然后连续几个上升。蒂姆排序就是利用了数据的这个特性来减少排序中的比较和数据移动的，它的大致思想如下：

步骤 1：找出序列中各个递增和递减的子序列。如果这样的子序列太短，小于一个预先设定的常数（通常是 32 或者 64），则用简单的插入排序将它们整理为有序的子序（也称块，run）在寻找插入位置时，该算法采用了二分查找。随后将这些有序子序列一个一个放入一个临时的存储空间（堆栈）中，如图 8.6 所示。在图中，X、Y、Z、W 都是块，显示的长度可以理解为它们各自的长度。

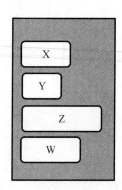

图 8.6 将一个序列变成块后放到一个堆栈

步骤 2：按照规则合并这些块。合并的过程是先合并两个最短的，而不是一长一短地合并，可以证明这样效率会高些。

不少人使用了完全随机的序列对蒂姆排序进行测试，结论是它的速度和快速排序基本相当。由于它是一种稳定排序算法，便于多列列表的排序，因此今天使用非常广泛。

120

其实，是否了解蒂姆排序的细节并不重要，重要的是通过它理解计算机科学精髓，少做无用功。在计算机科学中很难有绝对的最好，因为衡量好的标准有很多维度，如图 8.7 所示。

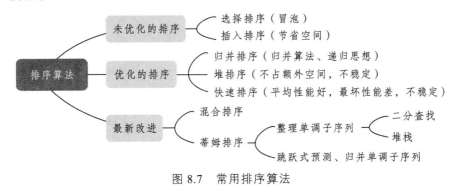

图 8.7　常用排序算法

8.3　微项目教学实践案例

经验告诉我们，教了，不等于学了；学了，不等于学会了。衡量教师专业实践的业绩应该是学生学会什么、何以学会，而不是教师有没有教、怎么教。教学方案需要从学生立场设计学会什么、何以学会的问题。

华东师范大学崔允漷教授认为：教案关注如何教（无效学习），学案关注如何学（浅学习），学历案关注何以学会（深度学习）。学历案是指教师在班级教学的背景下，为了便于学生自主建构或社会建构新的经验，围绕某一相对独立的学习单位，对学生学习过程进行专业化预设的方案，也是对实践中的学案、导学案的总结与提升。学习的本质是经验在深度或广度上的持续变化，即个体在原有经验的基础上通过自主建构或社会建构形成新经验的过程。学习是与生俱来的，人天生都是爱学习且会学习的。儿童作为学习主体，完全可以自主发生学习。学历案来自对教学专业的再认识。一份学历案的基本要素包括：① 学习主题/课时；② 学习目标；③ 评价任务；④ 学习过程（学法建议、课前预习、课中学习）；⑤ 检测与练习；⑥ 学后反思。

本节将结合中小学信息技术（科技）学科特点与教学现状，以本尼迪克特·凯里脑科学与认知科学前沿研究成果《如何学习》与崔允漷等《学历案与深度学习》理论为学理依据，基于中小学信息技术（科技）学科核心素养培养，列举几个极具普适性、示范性与可操作性的"先考后学，先学后教"的项目式学习教学方案设计，以供一线教师提高课堂教学实效参考，如图 8.8 所示。

8.3.1　课堂教学流程

翻转课堂教学模式是指将传统课堂内外教学流程颠倒过来的教学模式。而课堂内翻转课堂，则是把传统课内课外的教学流程都拿到课堂内翻转完成的教学模式，基本教学流程如表 8.1 所示。

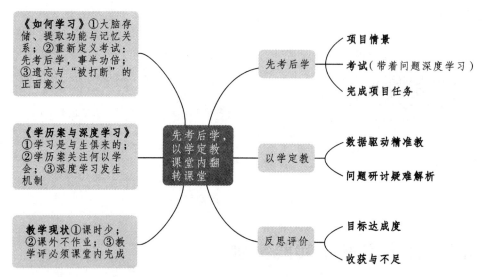

图 8.8　课堂内翻转课堂教学模式及学理依据

表 8.1　课堂内翻转课堂教学环节

步骤	环节	教学活动内容提示	时间分配
0	课外准备	教师：挖掘教材等核心素养培养素材，将大项目分解为每 1 节课的小项目；准备好课堂教学环境（互联网、计算机、问卷星、UMU 学习平台等）；设计学历案（含微课、测试题等）以促进深度学习的发生。学生：无要求	时间充分，至少提前 1 周
1	先考后学	教师：组织上课，公布学历案地址，主要包含活动任务内容（问题情景阅读材料、微课、练习等资源）。学生：学习实践、完成测试任务、提交作品。教师：巡视、观察，登录学习平台后台分析学生完成情况数据，记录学生提出的疑难问题，为下一教学环节（如提问、答疑、点评）做好准备	25 min 左右
2	以学定教	教师：根据学生提交的作品、在线测试数据分析，选定有一定深度的问题进行抽签提问（注意多维度追问，将学生思维引向深入，促进批判性思维与学科核心素养的习得）。学生：答辩、讨论。教师：疑难解析	10 min 左右
3	反思评价	教师根据教学目标达成度引导学生反思总结收获与不足：请梳理本项目涉及的知识要点，你是通过什么方法或策略学会项目内容的？你认为这个项目最困难的地方是什么？你还有什么好的经验可以跟大家分享？教师展示学生收获，指出存在的不足和努力的方向	10 min 左右

8.3.2 项目式学习学历案模板

项目式学习是一种以学生为中心的教学方法，它提供一些关键素材构建一个环境，学生组建团队通过在此环境里解决一个开放式问题的经历来学习。需要注意的是，项目式学习过程并不关注学生们可以通过一个既定的方法来解决这个问题。它更强调学生们在试图解决问题的过程中发展出来的技巧和能力。项目式学习学历案模板见表8.2。

表 8.2 课堂内翻转课堂项目式学习学历案模板

项目名称				
设计者			课时	
课标要求	1. 2.			
学习目标	1. 通过解决……问题，能够感受…… 2. 通过分析……问题，理解…… 3. 通过……，能够学会……解决问题，体会……			
评价任务	1. 能独立完成……练习题，了解……（检测学习目标？） 2. 独立完成……任务，学会使用……（检测学习目标？）			
学法建议	本项目的学习，可通过……重温……，体验……			
教学过程				

	教师	学生
先考后学	组织上课，情境导入；公布项目学习任务（含学历案资源地址）；课堂巡视，解决突发问题；数据分析（登录 UMU 等教学云平台看学生完成情况），为下一环节做好准备	1. 根据学历案阅读理解项目情景资料、观看微课； 2. 带着问题学，完成系列考试任务； 3. 操作实践、完成作品或项目报告提交
以学定教	根据课堂、UMU 等互动教学平台了解学情数据情况，通过"为什么""怎么样"等提问方式，有针对性地引导学生对项目学习重难点进行深度思考，努力提升学生批判思维能力和学科核心素养	积极参与讨论，回答老师的问题，大胆发表自己的见解。注意语言表达方式：因为……所以……，既要知其然，还要知其所以然。对自己或他人作品既要看到优点，又要找出不足
反思评价	引导学生进行学后反思，总结提炼收获与不足，对有需求的学生提供个性化帮助	请梳理本项目涉及的知识要点，你是通过什么方法或策略学会项目内容的？你觉得还有什么内容比较薄弱，需要老师提供何种帮助？你还有什么好的经验可以跟大家分享（写在下面方框里）
（注：保留这列教师提示信息是教学方案，把教师提示部分删除后横向合并单元格即成为学生学历案。若网络环境好，建议将学历案数字化在互动学习平台上，以实现快速反馈）		

8.3.3 微项目学习案例

微项目1 探秘答题卡填涂识别
——计算机编程解决问题的一般过程

1. 项目式学习学历案

项目式学习学历案见表8.3。

表8.3 课堂内翻转课堂项目式学习学历案

项目名称	探秘答题卡填涂识别——计算机编程解决问题的一般过程		
设计者	铜仁一中杨敏燕(用本学历案教学参加优质课大赛获贵州省2021一等奖、2022全国一等奖)	课时	1
课标要求	1. 了解数据采集、分析是数据处理的重要环节，认识数据对人们日常生活的影响。 2. 通过解决实际问题，体验计算机编程解决问题的一般过程，了解"分解"思想在解决复杂问题中的重要意义。 3. 掌握一种程序设计语言的基本知识，使用程序设计语言实现简单算法，解决简单的问题		
学习目标	1. 通过计算机扫描识别判卷的步骤，了解利用计算机编程解决问题的一般过程。 2. 通过几个测试题的思考练习，熟悉选择语句编程解决问题的应用场景及语法特点。 3. 通过分析计算机判断试卷各选项填涂状态的步骤，初步体会计算思维解决问题的分解、模式识别、抽象与算法开发的思维流程，理解算法对解决问题的重要意义		
评价任务	1. 能独立完成练习题（1）、（2）、（3），了解计算机编程解决问题的一般过程。(检测学习目标1、2、3) 2. 能独立完成练习题（4），学会使用Python的if…else语句的算法流程控制，编程解决特定类型问题。（检测学习目标2）		
学法建议	本项目的学习，可通过扫描识别试卷过程重温计算机编程解决问题的一般过程，体验"分解"思想对解决复杂问题的重要意义，复习Python编程语法基础，并借此领会合理选择算法在实际问题的解决中的地位与作用。本项目并不要求快速准确地进行代码编写，而是借助模仿样例代码体验程序控制流程的基本思想和方法，以此开启编程解决问题之门		

教学过程	
教师	学生
【项目情境】我们现在经常要参加各种考试,需要填涂如图1所示的答题卡,然后扫描给计算机判分,那么填涂到什么程度才能得分呢?(引导学生对问题进行分解,总结选项填涂识别的关键点:①涂黑;②涂满)	听教师的情境描述,发现问题,思考并解答:  图1 答题卡 回顾答题卡填涂经历,结合实际,认真思考教师的提问,通过综合分析与讨论,总结选项填涂识别的关键点:
先考后学	那么什么才算涂黑与涂满呢?今天我们就来研究这个问题。公布学习资源与任务(UMU平台网址),以解决问题为导向开展新知学习、实践探索。 根据学情,实时转播学生操作示范提示,选择典型问题进行抽签深度提问(注意多维度追问为什么,将学生思维引向深入,促进批判性思维与学科核心素养的习得);鼓励学生之间辩论、互评,并实时进行集中解析,阐明教师观点),对正确率高于80%的题目,说明大部分学生已经掌握,不用在课堂上集中浪费时间重复。引导学生总结:计算机扫描识别判卷的原理(即涂黑与涂满问题的判定),了解利用计算机编程解决问题的一般过程。能够把问题进行分解,并通过抽象建模、设计算法,正确地运用Python程序设计语言实现算法,解决问题。	【考试】(带着问题深度学习)  转换前(灰度图像) 转换后(黑白图像) 日常扫描后的答题卡是灰度图像,为了提高填涂内容的识别准确率,需要先将其转换为黑白图像,即根据像素的灰度值,将灰色近似判定为黑色或白色 0 255 灰度模式:256级灰色调,0表示黑,255表示白,其他数字表示不同的灰度,黑——灰——白的过渡。 图2 灰度图像转黑白图像 (1)阅读理解图2的说明,请问转换前后的答题卡图像颜色有什么变化,你认为灰度值设为多少认定为黑色合适?＿＿＿＿＿ (2)阅读理解将灰度图像转换成黑白图像的算法流程图,如果计算机获取图像的灰度值为135,那么计算机会输出( )。 A. 黑色 B. 白色 C. 灰色 D. 不确定

先考后学	（1）学生根据经验与讨论，综合分析进行填写，填写后师生可联系实际考试答题卡填涂，共同交流确定哪一个值更合适，为涂黑问题的分析做铺垫。
	
	（2）涂黑问题。根据像素灰度值，判定一个像素是否识别为"黑色"，了解算法流程图的表示。（参考答案：B）
	
	（3）涂满问题。一个选项中有多少个像素被涂黑，则认定该选项为"填涂"，即涂黑的像素占总像素的比例。（参考答案：A）
	
	（4）认识 Python 程序设计语言，了解选择结构的基本语法与使用方法。（参考答案：C）
		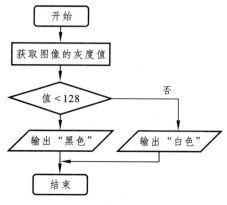
		图 3　算法流程图

		图 4　答题卡一个选项的灰度图像
		
		（3）图 4 是某考生答题卡上填涂的一个选项放大的灰度图像，由 26×15 个像素点组成，如果将其转换成黑白图像后，有 180 个像素点是黑色的，那么计算机会给他判定为（　　　）。
		A. 未填涂　　　B. 已填涂　　　C. 不确定
		
		（4）执行下列程序输出正确的是（　　　）。
		
		``python
		x = -2
		if x <= 0:
		print("y=",x**3)
		else:
		print("y=",x+2)
		``
		
		A. y=0　　　B. y=-6　　　C. y=-8　　　D. "y=",x**3

	（5）编程实践：了解计算机编程解决问题的一般过程。学生通过对问题进行抽象建模，设计算法，结合学习的参考资料，编写程序实现计算机自动判断图像的黑白（代码实现自动化）。	（2）编程实践：（参考下面的程序） 参考资料：if…else 语句 表格见下

下方表格：

格式	例：根据输入的成绩，判断考试是否合格

if <条件>:
<语句块 1>
else:
<语句块 2>
	``python
	score = int(input("请输入你的分数: "))
	if score >= 60:
	print("及格")
	else:
	print("不及格")
	``

先考
后学
	gray = int(input("请输
	入图像灰度值："))
	if gray < 128:
	print("此图像为：黑色
	")
	else:
	print("此图像为：白色")
		Python 程序中的运算符：大于（>）、小于（<）、等于（==）、大于等于（>=）

		编写 Python 程序实现计算机判断图像的黑白，其中灰度值(gray)由人工输入。将程序运行状态截图上传（源代码与输入、输出内容可见）。 输入样例： 请输入图像灰度值：86 输出样例： 此图像为：黑色
以学 定教	根据课堂、UMU 等互动教学平台了解学情数据情况，提问：计算机是怎么判断选项涂黑了？计算机怎么判断图像涂满了？有针对性地引导学生对项目学习重难点进行深度思考，努力提升学生批判思维能力和学科核心素养	积极参与讨论，回答老师的问题，大胆发表自己的见解。注意语言表达方式：因为……所以……，既要知其然，还要知其所以然。对自己或他人作品既要看到优点，又要找出不足
反思 评价	引导学生进行学后反思，总结提炼收获与不足，对有需求的学生提供个性化帮助。 提问学生计算机是如何判断哪个选项被填涂，一个题中多个选项被填涂，或错误填涂的选项没有擦干净等情况的解决，引导学生进行深度思考，鼓励学生实践探究，激发持续学习的兴趣	请梳理本项目涉及的知识要点，你是通过什么方法或策略学会项目内容的？你觉得还有什么内容比较薄弱,需要老师提供何种帮助？你还有什么好的经验可以跟大家分享（写在下面方框里）

注：表格保留教师提示信息这列是教学方案，把教师提示部分删除后横向合并单元格即成
　　为学生学历案。若网络环境好，建议将学历案数字化在互动学习平台上，以实现快速
　　反馈。

2. 方案评析

本教学方案让学生体验计算机解决问题的一般过程——分析问题、设计算法、编写程序、调试运行。设计的问题情景看似简单，实则蕴藏深刻的内涵。既贴近学生学习生活实际，又充分体现计算机科学中分治的重要算法思想：以答题卡很多选项填涂识别问题为基础，通过分析指导学生分解问题，降低难度，转化为一个选项的填涂识别，最后转化为一个像素的颜色识别，形成问题解决思路。

分治算法的道理讲起来很简单，基本上就是下面这三步：

首先，它将一个复杂的问题分成若干个简单的子问题进行解决。这一步被称为分割。然后，解决每一个子问题。这一步被称为征服或者解决，也就是分治这个词中"治"的来源。在这一步中，如果子问题非常简单，就直接解决了；如果子问题依然很大，那么还需要递归调用分治算法，把子问题分成更小一级的问题来解决，直到那些被分出的子问题能够直接解决为止。最后，对子问题的结果进行合并，得到原有问题的解。

当然，这是一个课时，加上学生基础问题，能够解决一个子问题已经很不错了，最重要的是，让学生通过不断体验分治思想解决问题的一般过程，逐渐构建学科核心素养。

微项目2　努力向上的小红线
——基于解析算法的问题解决

1. 项目式学习教学方案

项目式学习教学方案见表8.4。

表 8.4　微项目 2 项目式学习学历案

项目名称	努力向上的小红线——基于解析算法的问题解决		
设计者	铜仁一中龙建海　本微项目教学获贵州省第七届高中信息技术优质课评选一等奖	课时	1
课标要求	1. 结合实例，理解解析算法的概念，能应用解析法分析问题、解决简单问题。 2. 了解数据采集、分析的基本方法，能够利用软件工具或平台对数据进行整理、组织、计算与呈现，在数据分析的基础上，完成分析报告（信息社会责任、计算思维）。 3.依据解决问题的需要，设计和表示简单算法；掌握一种程序设计语言的基本知识，利用程序设计语言实现简单算法，解决实际问题（计算思维）		
学习目标	1. 通过实际问题计算过程，能够归纳出解析法解决问题的基本步骤。 2. 通过分析问题找准数学关系式，理解"抽象、建模"在编程解决问题中的重要意义。 3. 通过分析实际问题，能够合理选择顺序结构、选择结构和循环结构流程控制编程解决问题		

评价任务	1. 能独立完成练习题（1），了解数据计算的基本方式，能够根据实际问题选择适当的方法。（检测学习目标1） 　2. 能独立完成练习题（2），理解对问题抽象、建模的重要意义。（检测学习目标2） 　3. 独立完成努力前进、超越自我、见证奇迹三个项目活动，感受国家发展进步与个人发展的关系，学会合理选择三种基本流程控制结构编程解决问题。（检测学习目标3）
学法建议	本节的学习，可通过考试重温 Python 表达式等基础知识，体验编程解决问题的一般过程，并借此领会在实际问题的解决中如何作出恰当的选择。本节课并不要求每位同学能独立高效编写代码，而是借助实例理解、体验算法的基本思想和程序的基本结构，以此开启编程之门

教学过程

教师	学生
项目情境导入：播放短视频《努力向上的小红线》（ http://i.tryz.net/uploadfile/2022/0404/20220404082135114.flv ），提出问题：请同学们根据视频思考一下，未来我国的 GDP 能不能超过世界经济第一大国——美国呢？（信息社会责任）如果能，又是哪一年呢？今天，请同学们一起通过学习解析算法的问题解决，来找到答案吧！ 　根据学情，实时转播学生操作示范提示，选择典型问题进行抽签深度提问（注意多维度追问为什么，将学生思维引向深入，促进批判性思维与学科核心素养的习得）；鼓励学生之间辩论、互评，并实时进行集中解析，阐明教师观点，对正确率高于80%的题目，说明大部分学生已经掌握，不用在课堂上集中浪费时间重复。引导学生总结规律：你能总结解析法解决问题的关键是什么？能够把问题抽象成正确的数学表达式（建模），并正确地翻译成 Python 表达式并恰当地运用算法解决问题。	观看视频，阅读理解、思考解答问题 　阅读理解解析算法：是指通过找出问题的已知条件与求解目标（结果）之间关系的表达式，并用计算表达式的值来实现问题的求解 　（1）如图所示，将数学表达式 $S=\pi r^2$ 与 $\rho = m/V$ 转换成 Python 表达式都正确的是（　　　）。 A. $S = \pi r^2$, $\rho = m/V$　　B. $S = \pi*r*r$, $\rho = m\backslash V$ C. $S = \pi*r\text{\textasciicircum}2$, $\rho = m\backslash V$　　D. $S = \pi*r**2$, $\rho = m/V$ 　（2）有这样一种数学模型 S，初始值为 S_1，其在单位时间内的增长率 t，则第 n 个单位时间后的 S_n 有这样的关系解析式： $S_n = S_1 \times (1+t)^{n-1}$ 与 $S_n = S_{n-1} \times (1+t)$ 将它们表示成 Python 表达式正确的是（　　　）。 A. $S = S*(1+t)**(n-1)$ 与 $S = S*(1+t)$ B. $S = S_1*(1+t)**(n-1)$ 与 $S = S_{n-1}*(1+t)$ C. $S_n = S_1*(1+t)**(n-1)$ 与 $S_n = S_{n-1}*(1+t)$ D. 与数学解析式完全一样

先考后学	（1）、（2）是复习旧知识，为后面的学习奠定基础。（参考答案分别为：D、A） （3）在计算我国 GDP 数据之前，请同学们先来关注一下个人发展的情况，是引入项目的过渡，也是将（2）解析式的泛化应用。在交互环境下计算：A 的能力值是：37.78 B 的能力值是：0.03；A 与 B 的能力比值为：1480.66	（3）（活动一）努力前进：如果所有同学能力初始值设为 1，同学 A 每天进步能力值的 0.01，同学 B 每天退步 0.01，编程计算一年（365 天）后，A、B 的能力值是多少？二者的比值又是多少？
	通过前面的计算，同学们已经发现，每天进步（退步）一点点，一年下来积累的差距将会非常巨大，所以要努力学习，不要掉队啊！ 现在，请其中一个小组的同学来给大家来完成表格的填写。 根据学生完成情况点评：为接下来本节课知识的重点做好准备。	（4）（活动二）超越自我：通过自主学习和小组合作，继续编程程序代码的编写和调试。 一个人的变化差距都如此巨大，那改革开放以来 40 多年的发展积累，差距又有多大呢？请同学们，查看中美历年 GDP 对比图，完成活动二内容的学习。（世界各国历年 GDP 数据查询：https://www.kylc.com/stats/global/yearly/g_gdp/2020.html） 请你根据中美历年 GDP 对比图的图表数据，计算一下，中国和美国，2020 年 GDP 与自身 1978 年 GDP 的比值，分别是多少？再对比一下 2020 年各自 GDP 和 1960 年 GDP 的比较。 China2020 → China1978 / China1960　　USA2020 → USA1978 / USA1960 小组合作探索，完成项目任务单的填写
	如何运用解析算法计算出中国 GDP 可能超过美国的时间呢？	（5）（活动三）见证奇迹： 通过自主学习和小组合作，运用给定的数学模型，结合循环等程序思想，编程解决问题
以学定教	根据课堂现场与互动教学平台了解学情数据情况，提问：为什么不用 for 循环而用 while 循环语句来实现算法？有针对性地引导学生对项目学习内容的重难点进行深度思考，提升学生学科核心素养	积极参与讨论，回答老师的问题，大胆发表自己的见解。注意语言表达方式：因为……所以……，既要知其然，还要知其所以然。对自己或他人作品既要看到优点，又要找出不足
反思评价		请梳理本项目涉及的知识要点，你是通过什么方法或策略学会项目内容的？你觉得还有什么内容比较薄弱，需要老师提供何种帮助？你还有什么好的经验可以跟大家分享（写在下面的空白处）

注：把教师提示部分删除后横向合并单元格即为学生项目式学习学历案。

2. 方案评析

所谓解析法，是指用解析的方法找出表示问题的前提条件与结果之间关系的数学表达式，并通过表达式的计算来实现问题求解。本项目学习主要通过震撼人心的中国GDP 增长图形变化"努力向上的小红线"微视频导入，提出一个项目学习情景问题：中国 GDP 哪年能超过美国？从而引导学生进行数据分析，得出超过美国 GDP 的数学解析式。然后利用 Python 语言基础将数学表达式转换为 Python 表达式进行计算求解的过程，完成项目报告。

此微项目设计，充分彰显信息技术学科实践性强、贴近生活实际、数字化程度高的特点。而且，选择"努力向上的小红线"微视频引导学生直面问题，在思考、辨析、解决问题的过程中，逐渐形成正向、理性的信息社会责任感。将信息社会责任培养植根于信息技术学科课堂教学的始终。从课堂教学实践来看，达到了融合信息技术学科信息意识、计算思维、数字化学习与创新、信息社会责任的四大核心素养的预期效果。

微项目 3　贵阳地铁 1 号线智能计费
——用选择结构解决问题

1. 项目式学习教学方案

项目式学习教学方案见表 8.5。

表 8.5　微项目 3 学历案

项目名称	贵阳地铁 1 号线智能计费——用选择结构解决问题		
设计者	贵阳市清华中学张洁	课时	1
课标要求	1. 依据解决问题的需要，设计和表示简单算法（信息意识、计算思维）。 2. 掌握程序设计语言的基本知识，利用程序设计语言实现简单算法，解决实际问题（计算思维）		
学习目标	1. 通过贵阳地铁 1 号线计费实际问题分析，理解选择结构的程序语句。 2. 通过 4 个活动练习，熟悉选择语句编程解决问题的应用场景及语法特点。 3. 通过分析两地之间的距离判断票价的步骤，初步体会计算思维解决问题的分解、模式识别、抽象与算法开发的思维流程，理解算法对解决问题的重要意义		
评价任务	1. 能独立完成活动（1）、（2），了解计算机编程解决问题的一般过程，熟悉选择结构的语句。（检测学习目标 1、2、3） 2. 能小组合作完成活动（3）、（4），学会使用 Python 的 if…else 语句、if…elif…else 语句的算法流程控制，编程解决特定类型问题。（检测学习目标 2、3）		
学法建议	本项目学习，可通过解决生活中乘坐地铁计算票价的实际问题，重温 Python 选择结构语句等基础知识，体验编程解决问题的一般过程，借此领会在实际问题的解决中如何作出恰当选择		

教学过程	
教师	学生

项目情境导入：

播放短视频"贵阳地铁 1 号线"乘车视频，提出问题：请同学们根据视频思考一下，乘坐地铁需要哪些手续？从北京路站到长江路站，两站里程为 7 km，需要多少钱？从观山湖公园站到沙冲路站，可以从地铁 2 号线换乘地铁 1 号线，两站里程为 22 km，需要多少钱？当我们用手机扫码付款时，这个费用是如何计算的？

贵阳市发改委发布《关于制定贵阳市城市轨道交通票价的公告》，明确贵阳市城市轨道交通票价起步价为 2 元，可乘坐 4 km。

今天，请同学们一起通过这个项目，根据贵阳市地铁的收费标准，编写一个贵阳地铁 1 号线的模拟收费程序，掌握 Python 编程选择结构的用法。

先考
后学

【项目情境】

观看视频，阅读理解、思考解答问题。

选择结构：

先根据条件作出判断，再决定执行哪一种操作的结构称为选择结构。

阅读理解选择结构的语句规则，尝试在学案上写出流程图及程序。

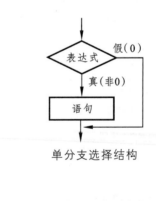

单分支选择结构

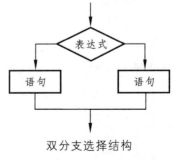

双分支选择结构

先考后学	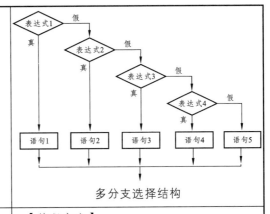 多分支选择结构

| 以学定教 | 　参考学案，布置 4 个活动，难度层次逐渐提升。
　（1）活动一：按贵阳地铁交通收费标准，请编写一个在 4 km 以内乘坐地铁的收费程序。

`s=float(input("请输入公里数："))`
`if s<=4:`
　　`print("票价金额为:","2 元")`

　（2）活动二：按贵阳地铁交通收费标准，已经有了一个在 4 km 以内乘坐地铁的收费程序，要求里程超过 4 km 输出文字"地铁费用超过 2 元"。

`s=float(input("请输入公里数："))`
`if s<=4:`
　　`print("票价金额为:","2 元")`
`else:`
　　`print("地铁费用超过 2 元")`

　（3）活动三：在 4~24 km，输出对应的票价。

`s=float(input("请输入公里数："))`
`if s<=4:`
　　`print("票价金额为:","2 元")`
`else:`
　　`print("地铁费用超过 2 元")` | 【编程实践】
　根据学案提示，完成 4 个活动，每个活动都需要思考完成下列表格。

表格

　参考下面的程序。 |

收费标准	语言描述	流程图	程序示例

参考资料：if…else 语句

格式	例：根据输入的距离，判断地铁费用

if <条件>:
　<语句块 1>
else:
　<语句块 2>
	S=int(input(" 请 输 入 距离："))
	if S<=4:
	　print("票价为 2 元")
	else:
	　print("地铁费用超过 2 元")

Python 程序中的运算符：大于（>）、小于（<）、等于（==）、大于等于（>=）	

　启发创作：完善以下程序。

　任务：以下程序是"拼运气猜数字"提升改良版。

```
import random
a = random.randint(1,100)
n = 5
```

（4）活动四：按贵阳地铁 1 号线运营情况，地铁目前起点窦关站到终点小孟工业园站，两站点距离 45 km，试输出对应的票价。	```
	while n > 0:
	    t = int (input("请输入一个整数(1-100):"))
	    ① == a:
	        print("厉害，猜中了")
	        break
	    ② t > a:
	        print("数偏大了，还剩",n-1,"次机会")
	    ③:
	        print("数偏小了，还剩",n-1,"次机会")
	    n=n-1
	if n == 0:
	    print("答案是",a)
	    print("5 次没有猜中，很遗憾，游戏结束")
	``

```
s=float(input("请输入公里数:"))
if s<=4:
    print("票价金额为:","2 元")
elif s<=8:
    print("票价金额为:","3 元")
elif s<=12:
    print("票价金额为:","4 元")
elif s<=18:
    print("票价金额为:","5 元")
elif s<=24:
    print("票价金额为:","6 元")
elif s<=32:
    print("票价金额为:","7 元")
else:
    print("票价金额为:","8 元")
```

| 反思评价 | 引导学生进行学后反思，总结提炼收获与不足，对有需求的学生提供个性化帮助。
　　提问学生如果地铁里程有超过 80 km 的，应该怎样编程，引导学生进行深度思考，鼓励学生实践探究，激发持续学习的兴趣 | 请梳理本项目涉及的知识要点，你是通过什么方法或策略学会项目内容的？你觉得还有什么内容比较薄弱，需要老师提供何种帮助？你还有什么好的经验可以跟大家分享（写在学案的空白处） |

2. 方案评析

本教学方案让学生体验计算机解决问题的一般过程——分析问题、设计算法、编写程序、调试运行，让学生熟悉选择结构的语句。设计的问题情境与生活息息相关，贵阳地铁 1 号线智能计费程序设计，既贴近学生学习生活实际，又充分体现重要算法思想。

教学中改变了学生学习的方式，由被动接受变为舒畅的学习，体现在自主学习，学生借助小组合作讨论，通过观察，自己发现问题、亲自尝试、合作解决，最后由学生自己归纳总结，完成本课学习任务，学生学会了独立思索，开发学生的创造性思维。

当然，这是一个课时，加上学生基础问题，能够解决一个子问题已经很不错了，最重要的是，让学生不断体验解决问题的一般过程，逐渐构建学科核心素养。

微项目 4　汉诺塔问题求解
——基于递归思想的算法实现

1. 项目式学习教学方案

项目式学习教学方案见表 8.6。

表 8.6　微项目 4 学历案

项目名称	汉诺塔问题求解——基于递归思想的算法实现		
设计者		课时	1
课标要求	1. 依据解决问题的需要，设计和表示简单算法（信息意识、计算思维）。 2. 掌握一种程序设计语言的基本知识，利用程序设计语言实现简单算法，解决实际问题（计算思维）		
学习目标	1. 通过实际问题分析，理解递归本质——自身结构嵌套的算法思想。 2. 通过解决实际问题，体验程序设计的基本流程，感受递归算法思想在解决某类问题的效率，掌握自定义函数、选择结构和循环结构流程控制的运用		
评价任务	1. 能独立完成练习题（1）、（2）、（3），理解界定问题的边界、逆向思维、递归思想在算法设计中的重要作用。（检测学习目标 1） 2. 能独立完成练习题（4），掌握一种程序设计语言的基础知识，能够根据实际问题进行抽象、建模，选择适当的方法解决问题。（检测学习目标 2）		
学法建议	本节的学习，可通过考试重温 Python 表达式等基础知识，体验编程解决问题的一般过程，并借此领会在实际问题的解决中如何作出恰当选择		
教学过程			

教师	学生
情境导入： 　　1 片、2 片、3 片、4 片各要移动几次？圆盘怎样移动？如果真的是 64 片圆盘，你预测要移动多少次(无须证明，在 Python 交互模式计算一下)？你的手速也不错，移动一次需要 1 s，最后大约要多少年？ 　　你根本不必在意"考试"的成绩，"考试"的目的是让你带着问题去阅读，这样，大脑就会主动捕捉那些重要的信息，并建立更强的存储和提取回路。 　　（1）请学生操作示范移动过程，让大家理解移动规则，以便下一步总结规律。	【项目情景】汉诺塔（Tower of Hanoi），源于印度古老传说。神创造世界的时候做了三根金刚石柱子，一根柱子上按照大小顺序摆着 64 片黄金圆盘。神命令婆罗门(僧徒)把圆盘按大小顺序摆放在另一根柱子上。并且规定，小圆盘放在大圆盘上，且每一次只能移动一片圆盘，如图 1 所示。 图 1　汉诺塔示意图

先考后学

先考后学	引导学生探索会得出结论：
	移动次数为：2**n-1（n 为盘子数）
	在 Python 交互模式下：
	``
	>>> n=64
	>>> 2**n-1
	18446744073709551615
	>>> (2**64-1)/(365*24*60*60)
	584942417355.072
	``
	约 5849 亿年（这么大的数，Excel 或其他语言能计算出来吗？）
	（2）请同学们思考：这个故事有什么特点？故事内容调用故事本身，这就是递归故事。（参考答案：故事内容就是故事本身）
	将这种思想抽象成一种算法，就是递归算法——将问题化解为同类子问题的解决方法。
	函数直接调用自己或者间接调用自己，这种函数我们称之为递归函数。例如求 n!：
	f(n)=n*f(n-1)
	（3）提示：
	要求 n 的阶乘，则要求 n-1 的阶乘再乘以 n……
	然后逆向思维：求出 1 的阶乘，就会求出 2 的阶乘……求出 n 的阶乘。
	汉诺塔问题，摆脱递推进入递归：递推通项公式存在，但举步维艰，递归简单。
		【考试】
		（1）1 片、2 片、3 片、4 片各要移动几次？圆盘怎样移动？如果真的是 n 片圆盘，你预测要移动多少次（无须证明，在 Python 交互模式计算一下）？你的手速也不错，移动一次需要 1 s，最后大约要多少时间？
		【理解递归思想】
		（2）这个故事有什么特点？

		从前有座山，山里有座庙，庙里有个老和尚给小和尚讲故事，讲什么呢？从前有座山……
		（3）数学上求 n!是怎样求得？把算法归纳提炼一下。
		（4）回到前面的汉诺塔问题，假设要从 A 柱子移动 n 个圆盘到 C 柱子，如何移动？归纳出步骤来并编程模拟移动操作过程。
		提示：
		第一步：将 A 柱上的……移动到……
		第二步：将……移动到……
		第三步：重复执行，直到……止

以学定教	盘子移动操作思路： 第一步：将 A 柱上层 n-1 个盘子，从开始柱 A，借助 C 柱，移动到中间柱 B；将第 n 个盘子，移动到目标柱 C。 第二步：将中间柱 B 的 n-2 个盘片，借助 C 柱子，移动到中间柱 A 柱，将第 n-1 个盘子，移动到目标柱 C。（n-1 减小规模，重复执行） …… 结束条件：一个盘子。	【编程实践】 用 Python 语言编程模拟移动盘子的过程，并显示移动次数。 提示：对盘子进行编号，最上层的编号为 1 号，输入输出样例如下： ``` 请输入盘子数：1 第 1 次移动：第 1 号盘子，从 A 到 C ```

以学定教	（5）提示：对盘子进行编序号，最上层的编号为1号，定义移动盘子的自定义一个递归函数 moveTower 与一个格式化输出函数 moveDisk（用于描述盘子移动过程）。参考代码如下：
	
	``python
	def moveTower(n,a,b,c):
	    global m
	    if n <= 1: # 终止条件1个盘子
	        m = m+1
	        moveDisk(disk,a,c)
	    else: # 递归体，问题规模-1
	        moveTower(n-1,a,c,b)
	        m = m+1
	        moveDisk(n,a,c)
	        moveTower(n-1,b,a,c)
	def moveDisk(disk,a,c):
	    print("第 "+str(m)+" 次 移
	动:"+\
	"第{}号盘子,从 {} 到 {}"\
	.format(disk,a,c))
	disk=1 # 盘子序号,最上层的编号为1号
	n = int(input("请输入盘子数: "))
	m = 0 # 移动次数计数器
	moveTower(n,"A","B","C")
	``
		请输入盘子数：2
		第1次移动：第1号盘子，从 A 到 B
		第2次移动：第2号盘子，从 A 到 C
		第3次移动：第1号盘子，从 B 到 C
		
		请输入盘子数：3
		第1次移动：第1号盘子，从 A 到 C
		第2次移动：第2号盘子，从 A 到 B
		第3次移动：第1号盘子，从 C 到 B
		第4次移动：第3号盘子，从 A 到 C
		第5次移动：第1号盘子，从 B 到 A
		第6次移动：第2号盘子，从 B 到 C
		第7次移动：第1号盘子，从 A 到 C

反思评价	对盘子编号（抽象是计算思维的基础）。 递归是逆向思维，摆脱递推进入递归：递推通项公式存在，但举步维艰，递归简单。 递归的本质：自身结构嵌套。 递归算法：略。 递归体：调用自己减小问题规模。 递归终止条件：最小规模问题	请梳理本项目涉及的知识要点，你是通过什么方法或策略学会项目内容的？你觉得还有什么内容比较薄弱，需要老师提供何种帮助？你还有什么好的经验可以跟大家分享（写在下面的空白处）

2. 方案评析

通过这个案例教学，让学生体验计算思维的重要思想：逆向思考——从递推到递归。人类其实生活在一个并不算大的空间中，因此对这个世界的认识是由近及远、从少到多，一点点扩展开来的，这就是人类固有的认知和思维方式，根植于我们的基因中。这样的认知和思维方式让我们很容易理解具体事物，但是限制了我们的想象力和大局观。当需要思维触达那些远离我们生活经验的地方时，我们就会出现理解障碍。

与人不同，计算机在一开始就被设计用来处理规模大得多的问题，因此计算机有条件采用与常人完全不同的方式来解决问题。如果一个人能够站在计算机的角度想问题、做事情，采用的是计算机解决问题的方法，他就具有了计算机的方法论，这就是计算思维。在计算思维中，最重要的是一种自顶向下、先全局后局部的逆向思维，它被称为递归(Recursive)。与之相对应的，是人类所采用的自底向上、从小到大的正向思维，它被称为递推(Iterative)。这一字之差，思维和行事的方式就截然不同了。因此，可以说递归思想是计算思维的核心。对于计算机从业者来讲，想成为高级人才，无论是顶级的科学家还是杰出的工程师，在工作中都需要换一种思维方式，换成计算思维，当然最重要的就是掌握递归的思想。

第9章 综合项目实践

9.1 文本大数据——一个词云生成器的开发

9.1.1 项目简介

算法与程序实现是高中信息技术必修模块 1"数据与计算"中重要的组成部分,要求学生掌握一种程序设计语言的基本知识,通过解决实际问题,体验程序设计的基本流程,掌握程序调试与运行的方法。

"词云"就是通过形成"关键词云层"或"关键词渲染",对网络文本中出现频率较高的"关键词"进行视觉上的突出。词云图过滤掉大量的文本信息,是文本大数据可视化的重要方式,可以从大段文本中提取文本最有意义的词语,使浏览者快速领略文本的主旨,理解文章的中心思想。本项目将基于 Python 语言编程开发一个图形化的词云生成器,导入文本立刻生成词云图。

词云生成器开发学历案见表 9.1。

表 9.1 词云生成器开发学历案

项目名称	文本大数据——一个词云生成器的开发		
设计者	贵州省德江第一中学 舒大荣	课时	2
学习目标	1. 理解词频统计、数据可视化等技术原理。 2. 学会使用列表、字典等组合数据类型,学会文件读写和第三方库应用,体验 Python 语言模块化程序设计的优势,实践使用规范化步骤解决问题(分析问题、抽象建模、设计算法、编写程序、调试运行)。 3. 掌握自顶向下的设计方法,利用教师提供的在线学习资源,积极主动地开展个性化学习		
评价任务	1. 能独立完成练习题(1),了解面向对象、模块化程序设计的优势。(检测学习目标 1) 2. 独立完成练习(2)、(3),为下一步学习做铺垫。(检测学习目标 2) 3. 按照老师提供的学习资料和例程源代码注释操作实践。(检测学习目标 3)		
学法建议	1. 在真实的词云生成器操作体验过程中完成"考试"任务,阅读理解程序源代码,基于 Python 面向的编程实现,并且要对文件与目录操作,建议先学习第 7、8 章内容,以便更好地阅读理解范例源代码,最终完成作品。		

139

学法建议	2. 这个项目作品是基于 Python 语言的 Tkinter 库开发 GUI 图形用户界面程序，建议先初步学习 Tkinter 库基础知识，有利于阅读理解程序源代码。推荐自学 Tkinter 库教程：http://c.biancheng.net/tkinter/what-is-tkinter.html 3. 本项目涉及 wordcloud 库、jieba 库等第三方库的使用，所以建议同学们不要急于求成，要按照老师提供的学习方法和程序源代码注释，从第三方库的安装开始，一步一步地操作体验

<table>
<tr><td colspan="3" align="center">教学过程</td></tr>
<tr><td></td><td align="center">教师</td><td align="center">学生</td></tr>
<tr><td rowspan="2">先考后学</td><td>情境导入：
　　教师示范生成如图 9.1 所示的党的二十大报告词云，询问学生这个词云有什么特点，猜猜文字大小与什么有关？有什么用？
设计意图：
　　通过这个案例激发学生学习兴趣，让学生了解词频统计的意义。
参考答案：
（1）ABCD
（2）A
（3）B</td><td>　　1. 项目情景：请同学下载老师提供的词云生成器和党的二十大报告文本，生成词云图，观察词云图有什么特点？有什么用？并依次完成下列任务。
　　2. 考试：
　　（1）（多选）"词云"就是通过形成"关键词云层"或"关键词渲染"，对文本中出现频率较高的"关键词"进行视觉上的突出。它的作用是有利于（　　　）。
　　A. 理解文章主旨　　　　　B. 组织、分类信息
　　C. 比较文档信息　　　　　D. 文本内容可视化
　　（2）执行命令"import wordcloud"出现下列错误提示信息，说明（　　　）。

```
>>> import wordcloud
Traceback (most recent call last):
  File "<pyshell#0>", line 1, in <module>
    import wordcloud
ModuleNotFoundError: No module named 'wordcloud'
>>>
```</td></tr>
<tr><td>（4）从词汇表中读取一个单词，判断该单词是否在统计表中，如果是，则单词数+1，如果不是，则将该单词加入统计表，单词次数计为1。重复执行上面的操作，遍历词汇表完成统计。<br>（5）词频统计、排序。<br>调试运行、完成任务。<br>输出：输出统计和排序结果</td><td>A. wordcloud 属于 Python 的第三方库，需要安装后才能导入<br>B. wordcloud 属于 Python 的标准库，需要安装后才能导入<br>C. import 输入有错误<br>D. wordcloud 输入不正确<br>（3）阅读理解下面的 Python 程序代码：<br><br>```
class Dog():
    def __init__(self,color,weight,height):
        self.color = color
        self.weight = weight
        self.height = height
dog = Dog("red",20,30)
print(dog.color,dog.weight,dog.height)
```</td></tr>
</table>

先考 后学		运行上面的程序将输出（　　）。 A. "red",20,30　　　　　　　　　　B. red 20 30 C. dog.color,dog.weight,dog.height　　D. 错误提示信息 （4）你们班选举"三好学生"时，怎样计票？画出算法流程图。 （5）请分析：从一篇文章中找出 50 个高频词的问题，转化为可计算的数学问题是什么？ 3. 调试运行，完成任务： 下载老师提供的源代码（http://i.tryz.net/html/2022/python/python入门.rar），调试运行，并回答下面的问题。
以学 定教	输入：打开文件，注意选择文件编码格式。 处理： ①怎么实现分词？ Import jieba Words=jieba.lcut(txt) ②统计怎样实现，统计保存在哪里？ 字典使用 counts={} for word in words: 　Counts[word] counts.get(word,0)+1 ③排序算法是怎么实现的？字典是无序的，要转换为列表	4. 问题解析： 本项目程序的 IPO（输入、处理、输出）流程是什么？ 输入（input）：怎样实现？ 处理（process）：①怎样实现分词？②统计怎样实现，统计保存在哪里？③排序算法是怎样实现的？ 输出（output）：输出统计和排序结果
反思 评价	引导学生进行学后反思，总结提炼收获与不足，对有需求的学生提供个性化帮助	请梳理本项目涉及知识要点，你是通过什么方法或策略学会项目内容的？你觉得还有什么内容比较薄弱，需要老师提供何种帮助？你还有什么好的经验可以跟大家分享（写在下面方框里）

9.1.2　目标规划

该工具是使用 Python 程序设计语言作为开发工具，主要使用 wordcloud 库和 jieba 分词库制作而成的。为了降低使用难度，使用 tkinter 库作为界面设计工具，完全图形化用户界面，用户无须输入任何代码，只需使用鼠标操作，即可生成各种符合要求的词云图像，帮助读者快速领略文本的主旨，理解文章的中心思想。运行效果如图 9.1 所示。

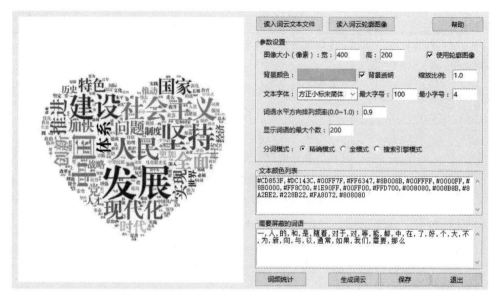

图 9.1　党的二十大报告词云

9.2　多彩贵州欢迎您——将图形应用部署到各种终端

9.2.1　项目式学习学历案

项目式学习学历案见表 9.2。

表 9.2　课堂内翻转课堂项目式学习学历案

项目名称	多彩贵州欢迎您——将图形应用部署到各种终端		
设 计 者		课时	2
学习目标	1. 通过测试练习复习巩固 Python 标准库、第三方库的安装和使用等基础知识。 　2. 通过分析移动应用与桌面应用面临的操作系统等问题，学会选择不同工具解决问题的思想方法。 　3. 利用教师提供的学习资源，积极主动地开展个性化学习。体验 Python 语言面向对象编程解决问题的一般过程和优势，养成良好的计算思维和习惯		
评价任务	1. 能独立完成练习题（1）、（2），了解桌面应用与移动应用的不同特点。（检测学习目标 2） 　2. 独立完成练习（3）、（4），复习巩固 Python 库与第三方库的基础知识，为下一步学习做铺垫。（检测学习目标 1） 　3. 按照操作教程指引完成作品，了解软件开发、编译与发布的一般过程。（检测学习目标）		

学法建议	本项目的学习，可通过完成几个练习题重温计算机系统与智能手机等的不同特点，复习巩固 Python 标准库与第三方库的使用基础知识，按照《参考教程》指引操作实践，体验移动应用开发的一般过程，学会简单的移动应用开发

教学过程	

	教师	学生
先考 后学	组织上课，情境导入； 说到 Python，便不得不提起它拥有的庞大计算生态，从游戏制作，到数据处理，再到数据可视化分析，等等。这些计算生态，为 Python 使用者提供了更加便捷的操作，以及更加灵活的编程方式。如果想使用 Python 语言编写图形界面程序，那么有不少的框架可以提供支持，如 Tkinter、Qt for Python、WxPython 等。不过这些框架都是只能创建桌面图形界面程序，如 Windows、Linux 和 macOS。 公布项目学习任务（含学历案资源地址）；课堂巡视、解决突发问题；数据分析（登录 UMU 等教学云平台看学生完成情况），为下一环节做好准备	1. 项目情景：如果想使用 Python 语言编写图形界面程序，那么有不少的框架可以提供支持，如 Tkinter、Qt for Python、WxPython 等。不过这些框架都是只能创建桌面图形界面程序，如 Windows、Linux 和 macOS。如果我们想要创建 IOS 或 Android 等平台的移动应用 App，它们就无能为力了。那么 Python 能不能写移动应用 App 呢？实际上是可以的。本节课学习用 Python 开发一个手机应用程序，并安装在手机上，实现打开贵州旅游网站，宣传贵州丰富的旅游资源。 2. 考试： （1）用 Python 开发的程序源文件格式是（　　　）。 A. .msi　　　　B. .py　　　　C. .pyt　　　　D. .doc （2）下列在安卓手机上可以执行的程序文件是（　　　）。 A. Hello.exe　　B. Hello.app　　C. Hello.apk　　D. Hello.py （3）BeeWare 工具中有一个 Python 的第三方库，库名称叫 briefcase，使用之前需要 DOS 命令行安装，下列安装命令正确的是（　　　）。 A. pip install briefcase　　　　B. import briefcase C. from briefcase *　　　　　　D. Setup briefcase （4）Python 有一个标准库 webbrowser，可以用它的 open 方法启动浏览器打开网页，如果我们已经用命令 "import webbrowser as wb" 导入了这个库，那么下列（　　　）能打开多彩贵州网 "http://www.gog.cn/"。 A. webbrowser.open("http://www.gog.cn/",new=0,autoraise=True) B. wb.open("http://www.gog.cn/",new=0,autoraise=True) C. open("http://www.gog.cn/",new=0,autoraise=True) D. wb.open("https://www.gog.cn/",new=0,autoraise=True) 3. 操作实践，完成作品： 打开操作教程，按照操作指引步骤完成一个简单的安卓应用程序的开发，并安装到智能手机上

143

<table>
<tr>
<td>以学定教</td>
<td>根据课堂、UMU 等互动教学平台了解学情数据情况，通过"为什么""怎么样"等提问方式，有针对性地引导学生对项目学习重难点进行深度思考，努力提升学生批判思维能力和学科核心素养</td>
<td>4. 问题解析：
作品（安卓应用程序）完成得怎么样？
积极参与讨论，回答老师的问题，大胆发表自己的见解。注意语言表达方式：因为……所以……，既要知其然，还要知其所以然。对自己或他人作品既要看到优点，又要找出不足</td>
</tr>
<tr>
<td rowspan="2">反思评价</td>
<td>引导学生进行学后反思，总结提炼收获与不足，对有需求的学生提供个性化帮助</td>
<td>请梳理本项目涉及的知识要点，你是通过什么方法或策略学会项目内容的？你觉得还有什么内容比较薄弱，需要老师提供何种帮助？你还有什么好的经验可以跟大家分享（写在下面方框里）</td>
</tr>
<tr>
<td colspan="2">（注：保留这列教师提示信息是教学方案，把教师提示部分删除后横向合并单元格即成为学生学历案。若网络环境好，建议将学历案数字化在互动学习平台上，以实现快速反馈）</td>
</tr>
</table>

9.2.2 操作教程——将图形应用部署到各种终端

下面尝试使用 BeeWare 框架编写一个简单的图形界面程序，然后打包为一个安卓 App。

1. 安装 briefcase 库

根据 BeeWare 的文档说明，在 Windows 平台上使用时需要安装依赖项 Git 和 WiX Toolset，到相关网址下载安装即可。然后，使用 pip 工具安装 BeeWare。

```
pip install briefcase
```

2. 创建应用

BeeWare 安装完成之后，可以通过 briefcase 命令在命令行终端进行 BeeWare 应用的管理，如新建、运行、构建、打包等。使用命令创建一个应用。

```
briefcase new
```

命令输入后，需要输入应用的正式名称、应用程序名称、域名、项目名称等信息。在这里出于演示需要，使用默认值即可。

输入完成之后，BeeWare 开始创建应用。创建完成之后，会有如下提示：

```
    Application 'Hello World' has been generated. To run your
application,type:
    cd helloworld
    briefcase dev
```

执行上述命令的功能是：进入"helloworld"目录，运行项目，如图 9.2 所示。

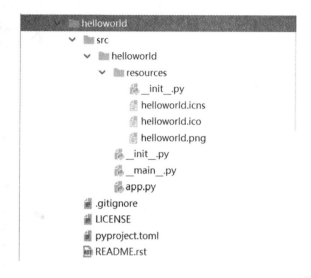

图 9.2 目录

将在 app.py 里面编写程序的主要代码。默认的 app.py 文件内已经有一个 demo 代码，如图 9.3 所示。

```
"""
My first app
"""
import toga
from toga.style import Pack
from toga.style.pack import COLUMN, ROW


class HelloWorld(toga.App):

    def startup(self):
        """
        Construct and show the Toga application.

        Usually, you would add your application to a main content box.
        We then create a main window (with a name matching the app), and
        show the main window.
        """
        main_box = toga.Box()

        self.main_window = toga.MainWindow(title=self.formal_name)
        self.main_window.content = main_box
        self.main_window.show()


def main():
    return HelloWorld()
```

图 9.3 demo 代码

145

3. 运行项目

进入下级目录 helloworld：

```
cd helloworld
```

运行项目：

```
briefcase dev
```

在命令行输入上述命令，会生成如图9.4所示的空白主屏幕窗口。

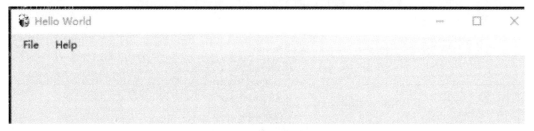

图9.4　空白窗口

Demo 代码创建了一个图形化的空白主窗口（空盒子），下面修改 Demo 代码。先删除不影响程序运行的注释，在空盒子里面增加按钮，并对按钮的点击事件定义一个函数，实现如下的简单功能：

（1）在主窗口上有一个按钮，按钮上的文本为"点我"。

（2）当用户用鼠标去单击这个按钮时，用浏览器打开多彩贵州网（http://www.gog.cn/）后，关闭这个屏幕窗口。

修改后的代码如下（添加的代码已加粗显示）：

```
import toga  # 一个 Python 的 GUI 工具包
from toga.style import Pack
from toga.style.pack import COLUMN, ROW
import webbrowser as wb    # 导入 webbrowser 库并取了个别名 wb

class HelloWorld(toga.App):
    def startup(self):
        main_box = toga.Box()
        # 下面两行是在屏幕窗口上添加一个按钮
        button1 = toga.Button('点我',on_press=self.first_view,
style=Pack (padding=2))
        main_box.add(button1)
        self.main_window = toga.MainWindow(title=self.formal_
name)
        self.main_window.content = main_box
        self.main_window.show()
```

```
        def first_view(self,widget):  # 定义一个当按钮被单击的事件处
理函数
            wb.open("http://www.gog.cn/",new=1,autoraise=True) #
用默认浏览器打开多彩贵州网
        self.main_window.close()  # 关闭主窗口

def main():
return HelloWorld()
```

toga 组件属性说明见表 9.3。

表 9.3　toga 组件属性说明

组件名称	属性说明
盒子（toga.Box）	id: Box 的唯一标识，str 类型；style:Box 的风格；children: Box 中的组件。Box.add 支持添加多个组件
按钮（toga.Button）	label: 按钮上的文字；id: 按钮 ID 标识；style: 按钮风格；on_press: 按钮回调；enabled: 是否激活
标签（toga.Label）	text: 文本；id: 文本 ID 标识；style: 文本风格
输入框（toga.Textinput）	id: 输入框 ID 标识；style: 输入框风格；factory: 通常不用；initial: 默认文字；placeholder: 提示文字；readonly: 是否采用只读；on_change: 回调，输入框中的文本更改时调用的方法；on_gain_focus: 回调，获得焦点时执行的函数；on_lose_focus: 回调，失去焦点时执行的函数；validators: 文本验证器，通常不用

运行项目：

```
briefcase dev
```

运行窗口效果如图 9.5 所示。

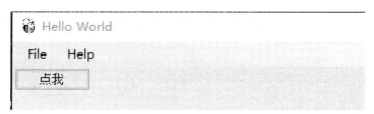

图 9.5　运行效果

用鼠标单击"点我"按钮后，打开多彩贵州网并关闭了上述程序运行窗口，如图 9.6 所示。

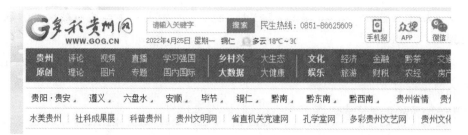

图 9.6 多彩贵州网

4. 打包成 Windows 桌面程序

如果需要将编写好的图形程序打包成 Windows 桌面程序，可以执行以下步骤。

（1）创建脚手架：

```
briefcase create
```

运行命令，将会生成一些预配置文件，然后下载依赖的包。完成之后，项目目录下会生成一个 Windows 的目录，如图 9.7 所示。

图 9.7 目录

（2）构建应用：

```
briefcase build
```

（3）运行构建的应用：

```
briefcase run
```

（4）打包应用：

```
briefcase package
```

打包完成后，./Windows 目录下会生成一个 .msi 的二进制安装文件，如图 9.8 所示。

helloworld > windows	
名称 ^	修改日期
msi	2022/7/28 10:12
Hello World-0.0.1.msi	2022/7/28 10:18
Hello World-0.0.1.wixpdb	2022/7/28 10:18

图 9.8 安装文件

双击运行它就会出现安装界面。安装完成之后，可以在 Windows 的应用程序列表中看到它。点击它，就会打开之前用命令运行的程序界面。

5. 打包为安卓 App

如果需要将应用打包为安卓 App，过程也是类似的。

```
briefcase create android
```

接着，构建安卓应用：

```
briefcase build android
```

然后，打包安卓应用：

```
briefcase package android
```

打包完成之后，可以在 .\android\gradle\Hello World\app\build\outputs 路径下找到打包好的文件，如图 9.9 所示。

> helloworld > android > gradle > Hello World > app > build > outputs			∨
名称	修改日期	类型	
apk	2022/7/28 10:32	文件夹	
bundle	2022/7/28 10:44	文件夹	
logs	2022/7/28 10:43	文件夹	

图 9.9　打包文件目录

BeeWare 提供了两种打包好的文件，一种是用于上架谷歌商店的.aab 格式文件：一种是用于调试的.apk 文件如图 9.10 所示。将 apk 文件传到手机上便可以直接安装。

图 9.10　安装文件

这样，我们就把 Python 编写的图形程序直接打包为了安卓 App 安装文件。IOS 的打包流程也是类似的，大家可以参考官网文档尝试一下。

9.3　数智校园——探究校园数字化、智能化应用

【学习目标】

（1）了解物联网、大数据、云计算、人工智能与机器学习等的概念，理解它们之间的关系。

（2）通过校园一卡通、人脸识别等项目学习，了解数据、算法和算力三大技术基础对智能社会发展的作用和影响。

（3）通过探究与体验校园数智化活动实践，理解利用计算机解决问题的一般过程，习得计算思维等学科核心素养。

【知识内容】

通过探究校园数字化、智能化创新应用项目，学习、实验、探索，了解物联网、大数据、云计算与人工智能技术对人类社会的影响。理解数据、算法、算力在解决问题过程中的重要作用，领会基于物联网的智能设计的基本原理。能采用计算机科学领域的思想方法界定问题、分析问题、组织数据、制定问题解决方案，初步具备解决问题的能力，发展计算思维等信息科技学科核心素养。

9.3.1　校园一卡通

某校新生入学，学校给每人发一张校园卡片。这张卡片可神奇了，用它能代表持卡人在校园内消费、借书、上课签到等，大家称之为校园一卡通（见图 9.11）。那么，校园一卡通是应用什么技术、什么原理实现这些功能的呢？

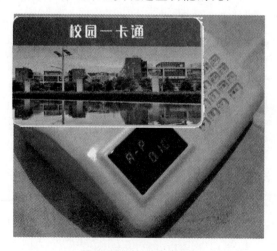

图 9.11　校园一卡通

探究任务 1：怎样建立人卡关系

随着物联网、移动终端的大量普及应用，校园卡成为大中小学校园数字化建设最基础的设备。每一张校园卡内部都有一个唯一的标识，可以通过物联网非接触式识别技术进行识别。只要将校园卡放在专用读卡器上就能识别出这张卡片的内部编号。学校把师生与校园卡编号一一对应起来，采集到如表 9.4 所示的电子表格里，建立物与人、物与物的关联。以卡片编号为关键字可以建立起很多这样的二维表格，称为关系数据表，数据表的每一行称为一条记录，记录一个师生的信息，每一列具有相同的属性，称之为一个字段。这些关系表组成了关系型数据库（数据的仓库），这是信息时代学校的重要资源和数字化应用的基础。学校就是以这些数据为基础，开发设计一卡通管理系统，构建一个数字空间，实现校园一卡通消费购物、考勤签到等功能，以拓展现实校园的时间和空间维度。

表 9.4　一卡通数据

编号	姓名	时间	支出	余额	...
xs0000001	张三	2022-07-12 16:23	10	990	...
xs0000002	...				

请同学们选用一种表格工具软件创建一个"同学录"表，至少包含 5 个字段，4 条记录。

探究任务 2：怎样实现刷卡消费功能

有了前面的人卡关系数据表，就可以利用它来开发设计消费功能。怎么实现这些功能呢？算法是核心。利用读卡器自动获取卡片持有人在数据表上的余额，每消费一笔，就减去他的余额。算法（解决问题的方法和步骤）流程图如图 9.12 所示。

真正要实现一卡通消费功能，上面的模拟代码显然是不够的。比如获取数据库表中某人的余额怎样实现？这就涉及连接网络数据库，对数据表中数据的增、删、改、查操作。

我们知道，计算机解决问题的算法很多，掌握常用解析法、枚举法（又称穷举法）就可以解决很多问题。例如，2021 年全国数学联赛贵州省高中数学预赛试题有这么一道题：老师为学生购买纪念品，商店中有三种不同类型的纪念品，价格分别为 1 元、2 元、4 元，李老师计划用 101 元，且每种纪念品至少买一件，问共有多少种不同的购买方案。参考解答如图 9.13 所示，是不是很难？不少学生答案都看不懂。

如果用计算思维来求解，设 x、y、z 分别表示 1 元、2 元、4 元的纪念品数，依题意知 x、y、z 只可能是 1 到 101 以内的整数，用循环、嵌套（这是计算思维最重要的思想之一），穷举算法，编程自动化求解，程序源代码如图 9.14 所示。两种解法相比较，计算思维既简单易懂，又快速高效。

用 Python 语言模拟张三去消费的算法实现

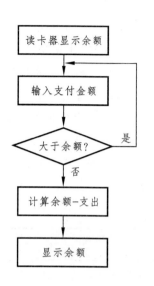

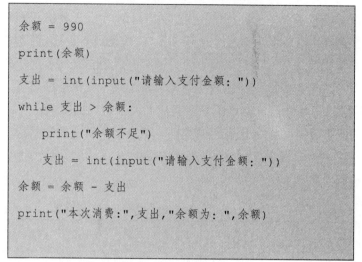

```
余额 = 990
print(余额)
支出 = int(input("请输入支付金额："))
while 支出 > 余额：
    print("余额不足")
    支出 = int(input("请输入支付金额："))
余额 = 余额 - 支出
print("本次消费:",支出,"余额为：",余额)
```

图 9.12　校园一卡通消费算法分析

解：答案 600

令 $y_1=x_1$，$y_2=2x_2$，$y_3=4x_3$，则

$$y_1 \in M_1=\{1,3,5,\cdots\}, \quad y_2 \in M_2=\{2,4,6,\cdots\}, \quad y_3 \in M_3=\{4,8,12,\cdots\}$$

则问题转化为求方程 $y_1+y_2+y_3=21$ 的正整数解的个数。

设所求为 N，故 N 是

$$A(x)=(x+x^3+x^5+\cdots)(x^2+x^4+x^6+\cdots)(x^4+x^8+x^{12}+\cdots)$$

展开式中 x^{101} 的系数，而

$$\begin{aligned}
A(x) &= x(1-x^2)^{-1} \cdot x^2(1-x^2)^{-1} \cdot x^4(1-x^4)^{-1} \\
&= x^7(1-x^2)^{-2} \cdot (1-x^4)^{-1} \\
&= x^7(1+x^2)^2(1-x^4)^{-3} \\
&= (x^7+2x^9+x^{11})\sum_{k=0}^{\infty} C_{k+2}^2 x^{4k}
\end{aligned}$$

且 $7+4k=101$ 无整数解，$9+4k=101$ 的解为 $k=23$，$11+4k=101$ 无整数解，所以 $N=2\,C_{23+2}^2=600$。

图 9.13　数学竞赛题参考答案

152

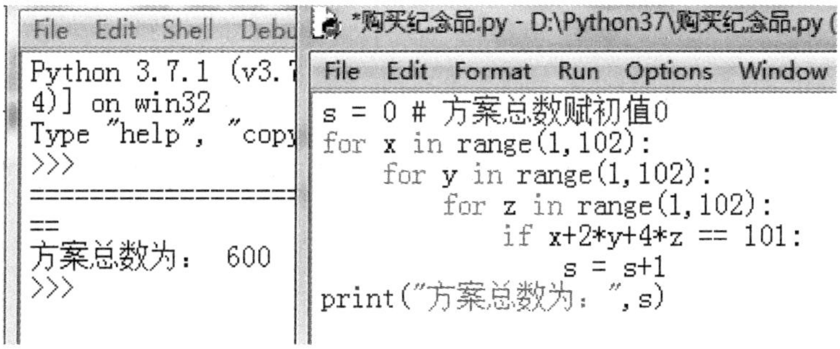

图 9.14　计算思维编程求解

练习题

（1）下列关于算法说法不正确的是（B）。

    A. 至少有一个输出　　　　　　　　B. 至少有一个输入

    C. 可以用自然语言表示　　　　　　D. 可以用流程图表示

（2）【多选】如果要实现用一卡通查询考试成绩，就要将一卡通数据表与成绩表进行关联，假如成绩表包含的字段有学号、姓名、性别、成绩、身份证号字段，那么哪个字段名适合用于与一卡通数据表中的编号建立关联（绑定）（A D）。

    A. 学号　　　　　B. 姓名　　　　　C. 成绩　　　　　D. 身份证号

（3）为了提高一卡通的安全性，为一卡通设置支付密码，假设为表 9.4 中张三的支付密码为"abc456"，请修改算法，编程模拟张三刷卡消费过程。

9.3.2　计算在云端

要实现一卡通功能，如消费功能，除了有校园卡之外，还要知道我们的钱是保存在哪里，每天消费了多少，什么时间支付，余额还有多少等，这些都是很重要的数据，是保存在哪里？又是如何快速计算处理这些数据的呢？它们还安全吗？

探究任务 1：钱是存在卡里吗

一般人都认为钱是存在卡里。其实不然，因为如果卡丢失了，补卡找不回来，很不安全。何况同学们每天在校园超市消费、图书馆借阅、上课签到等大规模数据记录（大数据）需要较大的存储空间，仔细观察校园卡不难发现，卡片并没有存储芯片，不能存储大量数据，否则卡片成本也会很高。那么，我们的数据到底保存在哪里呢？安全吗？是保存在读卡器终端上么？可能也不是，因为读卡器部署在校园不同地理位置，如果我们在某台读卡器上消费了，所有读卡器上数据记录都得实时同步更新，实现起来不仅网络资源消耗大，可靠性也不高，所以不可能保存在卡片和本地的读卡器终端上。我们的数据到底是保存在哪里呢？

我们先去做一个实验，将校园卡放在任何一台正常刷卡器一刷，便能显示当前余额，然后，把刷卡器的网线拔出，再放上校园卡，就显示不出余额了。这说明数据不存储在卡片或本地刷卡器终端里，而是存储在与读卡器联网的远端服务器（提供数据共享等服务的专用计算机）里，称为云存储。一卡通管理系统通过网络协议把一卡通数据库共享给能联网的、具有基本输入输出功能的读卡器，读卡器通过网络协议发出数据操作请求，让服务器对数据记录进行增、删、改、查等计算处理，这就是云计算。

想一想：为什么银行要设置密码 3 次错误输入就锁卡的功能？

探究任务 2：云计算有何优势

广义上说，云计算是与信息技术、软件、互联网相关的一种服务，这种计算资源共享池叫作云，云计算把许多计算资源集合起来，通过软件实现自动化管理，只需要很少的人参与，就能让资源被快速提供。也就是说，计算能力作为一种商品，可以在互联网上流通，就像水、电、煤气一样，可以方便地取用，且价格较低。

我们知道，人类在物质世界的发展，需要直接或间接消耗煤、石油、太阳能、水能等能源。计算技术为万物互联的人工智能时代的虚拟世界发展提供"算力能源"。云计算已经普遍服务于物联网服务中，并逐渐在教育教学领域得到广泛应用。图 9.15 所示为典型的智慧校园建设与应用规划设计图。

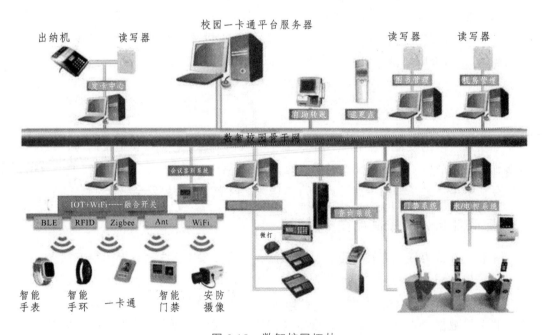

图 9.15　数智校园拓扑

又如，教育部主办的国家中小学智慧教育平台，建设涵盖中小学各学段、各学科的大规模开放课程教学资源，每天有数百万人在云平台上学习，让乡村与城市的孩子公平共享优质教育，如图 9.16 所示。云计算赋能教育高质量发展，未来的教育更美好。

图 9.16　国家中小学智慧教育平台

实践体验：请同学们登录国家中小学智慧教育平台，选择你感兴趣的任何学科、任何一课进行学习，并完成平台布置的作业（登录地址为：https://www.zxx.edu.cn/sync Classroom）。

练习题

（1）下列没有应用云计算技术的是（A）。

    A. 在本地计算机上计算考试成绩   B. 微信抢红包

    C. 在百度上搜索信息   D. 发电子邮件

（2）通过一卡通消费功能的实现，你认为安全性要求最高的是（C）。

    A. 师生的卡片   B. 读卡器终端

    C. 管理服务器   D. 网络线路

（3）影响校园一卡通存储与计算能力的关键设备是（A）。

    A. 管理服务器   B. 读卡器   C. 校园卡   D. 网络带宽

（4）用银行卡在 ATM 机取钱时需要输入密码，而且限制 3 次密码输入错误，否则锁卡。编程模拟用银行卡在 ATM 机取钱的过程。假设银行卡密码为"123456"，账上余额只有 1 000 元。输入、输出样例如图 9.17 所示。

```
请输入密码：123
密码错误！你还有 2 次输入机会
请输入密码：123456
请输入取款金额：2500
余额不足
请输入取款金额：100
请取走现金和银行卡，你的余额为： 900
>>>
```

图 9.17　输入、输出样例

9.3.3　机器会学习

前面我们知道校园一卡通给我们的校园生活带来了极大便利。认真思考，我们不难发现它的一些不足，如卡片丢失后补卡麻烦。不设密码会带来很大的安全隐患，设置密码又会降低使用效率。有没有更高效、更安全的解决方案呢？

某校校门安装了带有摄像头的人行通道闸门，同学们可以刷脸自动开门进出校园，而外人却不能进入。这不是机器能认识人了么？机器是怎么学会认识人的呢？

探究任务 1：什么是人工智能

人工智能（AI）是计算机科学的一个分支，它是研究、开发用于模拟、延伸和扩展人的智能的理论、方法、技术及应用系统的一门新的技术科学。该领域的研究包括机器人、语言识别、图像识别、自然语言处理和专家系统等。人工智能从诞生以来，理论和技术日益成熟，应用领域也不断扩大，可以设想，未来人工智能带来的科技产品，将会是人类智慧的"容器"。人工智能不是人的智能，是人造的智能，可以对人的意识、思维过程进行模拟，能像人那样思考、也可能超过人的智能。

打车 App 能预测出行路线拥堵情况，AlphaGo（围棋机器人）一夜学完百万棋局战胜人类顶尖棋手，这一系列事情无不体现出人工智能在快速发展，我们已经迈进人工智能新时代。

请同学们使用打车 App 体验打车，并填写表9.5。

表 9.5　App 打车体验

App 名称	起点	车型车号	出发时间	终点	预测到达时间	可选线路数	实际到达时间

探究任务 2：机器怎样学习

机器学习是人工智能的一个子集，它是人工智能技术的核心技术。下面我们一起来用真实的数据、真实的算法，体验计算机学习认识人的过程，理解机器学习的基本原理。请同学们先下载人脸识别程序，并依次完成训练计算机认识人的任务。

（1）准备训练数据集：一些包含人脸的照片文件，文件基本名用人的名字（数据分类标签），用于训练计算机。

（2）运行程序 mainpro.exe。

（3）上传训练数据集（人脸照片），训练计算机。

（4）训练完成后，上传待识别的人物照片（不在训练集里）或打开摄像头拍照，检验计算机识别人的能力怎么样。

机器学习人脸识别算法分析：

上面的程序是利用网上共享的一个开源人脸识别库开发的，训练计算机进行人脸识别。其主要算法步骤如下：

（1）人脸检测：找出图像中的面孔。

（2）检测面部特征点：使用特征点矫正姿态，将侧脸转为正脸。

（3）给脸部编码：根据面部特征点计算这个面孔的特征值（特征向量），记录名字（文件名作为分类标签）。

（4）从编码中找出人的名字：通过摄像头获取或上传的新照片与已知面孔进行特征值比对，通过相似程度，寻找匹配的面孔，预测输出人名。

上面我们体验了计算机学习认人的过程，用一句话概括，人脸识别的本质是一个不折不扣的数学问题：将图像中人的面部特征点抽象建模，编码成特征向量模型（特征数组），即"人"→"人脸"→"人脸特征点"→"特征数组"，把"人"抽象成了"数"。然后用"数"与"数"进行相似度比较，从而识别人。只不过根据机器学习算法，编程实现了自动化而已。所以说，抽象建模是计算思维的关键，计算思维的本质是抽象+自动化。训练机器识花草、机器识猫狗等都是同样的机器学习原理。

请同学们根据操作体验填写表9.6。

表9.6　计算机识别人脸程序的 IPO 流程

输入（input）	
处理（process）	
输出（output）	

感兴趣的同学们可通过下面的地址下载完整源代码拓展学习。

http://i.tryz.net/index.php?m=content&c=index&a=show&catid=43&id=42

联系前面的一卡通项目，若把人脸特征模型数据与一卡通数据表建立关联，便可以实现不用带卡刷脸支付、刷脸考勤了。机器学习是人工智能的核心，机器学习技术将不断应用于各个领域，促进人工智能的快速发展，赋能智慧社会多种可能。特别是近年来，人工智能借助云计算提供大算力和大数据存储传输能力的基础设施，人类社会的学习方式、工作方式和商业模式，也在发生巨大的改变。

探究任务3：未来校园会怎样

据工信头条报道，3D 科幻电影《阿丽塔：战斗天使》是实现了虚拟人物和真实形象互动的作品。阿丽塔的头上有 13.2 万根头发，脸和耳朵上有近 50 万根"桃色绒毛"，一个虹膜有 830 万个多边形，运用了 900 万个像素。每一帧钢铁城的渲染时间超过 500 个 h，整部电影的特效耗费了数据中心的 3 万台计算机，总计 4.32 亿 h（相当于 4.9 万年）制作出来。

工信头条报道的这一案例，充分体现数据、算法、算力赋能艺术创作的价值。随着大数据、云计算、人工智能技术不断发展进步，将赋能人类社会进入智能化新时代，未来让我们充满遐想。

体验 AI 艺术创作：https://wenxin.baidu.com/moduleApi/ernieVilg（文心大模型作画）。

请同学们选择以下任一主题，用在线思维导图工具制作表达你的想象，并截图向全班同学展示。

（1）我想象的未来教室；

（2）我想象的未来操场；

（3）我希望的未来校园。

练习题

（1）下列不属于人工智能应用的是（D）。

    A. 刷脸支付   B. 指纹考勤

    C. 无人驾驶   D. 交通红绿灯

（2）下列关于人工智能说法不正确的是（D）。

    A. 有巨大价值   B. 有意识

    C. 有安全风险   D. 无安全风险

（3）【多选】要训练计算机识别人，提取下列人的什么生物特征供计算机学习比较适合（BD）。

    A. 基因   B. 人脸   C. 身高   D. 虹膜

（4）【多选】决定人工智能发展的最关键因素是（ABC）。

    A. 数据   B. 算法   C. 算力   D. 编程

（5）请上网查询人工智能与机器学习的分类知识，并用在线思维导图工具制作它们的关系，截图进行展示汇报。

9.3.4 思维拓展——人工智能与机器学习

机器学习是人工智能的一个子集。这项技术的主要任务是指导计算机从数据中学习，然后利用经验来改善自身的性能，不需要进行明确的编程。在机器学习中，算法会不断进行训练，从大型数据集中发现模式和相关性，然后根据数据分析结果作出最佳决策和预测。机器学习应用具有自我演进能力，它们获得的数据越多，准确性会越高。机器学习技术的应用无处不在，如家居生活、购物车、娱乐媒体及医疗保健等。

1. 机器学习与人工智能的关系

机器学习及其分支深度学习和神经网络都属于人工智能的子集（见图9.18）。人工智能是基于数据处理来作出决策和预测。借助机器学习算法，人工智能不仅能够处理数据，还能在不需要任何额外编程的情况下，利用这些数据进行学习，变得更智能。人工智能是父集，包含机器学习的所有子集。人工智能下面的第一个子集是机器学习，深度学习是机器学习的一个分支，神经网络则是深度学习的基础结构。

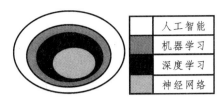

	人工智能
	机器学习
	深度学习
	神经网络

图 9.18 机器学习与人工智能的关系

2. 机器学习的工作原理

机器学习包含多种使用不同算法的学习模型。根据数据的性质和期望的结果，可以将学习模型分成四种，分别是监督学习、无监督学习、半监督学习和强化学习。而根据使用的数据集和预期结果，每一种模型可以应用一种或多种算法。机器学习算法主要用于对事物进行分类、发现模式、预测结果，以及制定明智的决策。算法一般一次只使用一种，但如果处理的数据非常复杂、难以预测，也可以组合使用多种算法，以尽可能提高准确度。

3. 机器学习在企业中的应用

机器学习算法能够识别模式和相关性，这意味着它们可以快速准确地分析自身的投资回报率。利用这个特性，企业可以快速评估采用机器学习技术对运营的影响。下面列举了一小部分快速发展的企业机器学习应用领域。

推荐引擎：从 2009 年到 2017 年，订阅流媒体视频服务的美国家庭增加了 450%。2020 年《福布斯》杂志上的一篇文章报道称，流媒体视频服务的使用率进一步增加了70%。推荐引擎已经广泛应用于各种零售和购物平台。

动态营销：要发掘销售线索并引导其通过销售漏斗的各个阶段，企业需要采集和分析尽可能多的客户数据。从聊天记录到上传的图片，现代消费者产生了大量不同的非结构化数据。借助机器学习应用，营销人员可以更好地理解这些数据，并利用这些数据提供个性化的营销内容，与现有客户和潜在客户开展实时互动。

预测性维护：现代供应链和智能工厂都在越来越多地利用物联网设备和机器，并且在所有运输队伍和运营团队之间使用云连接。故障和效率低下问题会导致巨大的成本损失和业务中断。如果手动采集维护和维修数据，那么企业几乎不可能预测潜在问题，更不用说自动预测和预防潜在问题。物联网网关传感器甚至可以安装到已有几十年历史的模拟机器上，提高整个企业的可视性和效率。

通过这个项目学习，不难体会到开源思想使 Python 语言拥有庞大计算生态，从游戏制作，到数据处理，再到数据可视化分析、机器学习……这些计算生态，为 Python使用者提供了更加便捷的操作，以及更加灵活的编程方式。第三方库让我们能够站在巨人的肩膀上，用几十行代码就做成了一个人工智能机器学习系统。学会了使用现成的工具，只要有足够好的数据，就可以开发出人工智能应用。从这些实操例子中可以得出两个结论。

（1）决定人工智能热潮能走多远的关键因素是数据、算法与算力。

人工智能的核心是机器学习，机器学习本质是数学建模的计算问题。我们在训练计算机识别人脸时，是不是感觉有点慢？因为人脸上我们选定了 100 多个特征点，要生成 100 多个参数的统计模型，计算机需要通过训练数据"学习"一段时间，当然需要一定的时间。AI 要真正变得"智能"，就要依靠对海量数据进行深度学习而得到优秀的统计模型。一个大模型中包含的参数，可以多达 2 000 亿个，如自然语言处理模型 GPT-3 有 1 750 亿个参数。

（2）预知未来是计算的初衷，计算的终极目标就是实现智能。

在一般的理解当中，人工智能好像是要等计算机发展到高级阶段之后，人类才会开始畅想的东西。其实不是，对人工智能的需求，是从一开始就暗含在计算当中的。人类的计算从来不是单纯的算数，计算的目的是为了预测。例如，我需要播种多少、收获多少，才能保证明年一家人不挨饿？

毫无疑问，无论是在当下还是在可预见的未来，AI 科技都会以无法阻挡的步伐，深刻改变人类文明的所有维度，最终会落地深入到我们生活的方方面面。当手机能准确识别语音时，当 AlphaGo 赢了柯洁时，很多人就开始担心，世界上所有的事情是不是计算机都能做得比人好。这种担心多少有点杞人忧天，因为不论什么样的计算机，它们的算法如何先进，都只能解决可工程化、可计算的数学问题。只有简单重复性的工作被 AI 取代的可能性高，而强社交、高灵活度或高创造性的工作不易被取代。同时将创造全新的职业，如 AI 工程师、数据科学家、机器人维修员等。对此，我们没有必要恐惧人工智能。

思考题：人工智能应用可能带来哪些安全隐患？应该怎样避免？举例说明。

参考答案

第 1 章

1. CCADB（6）多选 BD

2.（1）11　（2）1010　（3）技术实现简单，易于工业上的制造逻辑电路；运算简单，只有两个数码，正好与逻辑代数中的"真""假"相吻合。

3.（2）0 字节　（3）1 字节　（4）1 个汉字 2 字节

（5）计算机中用二进制形式来表示数据信息，并以 8 个二进制位（1 字节,1B）1 组来组织数据，每个 ASCII 码字符用 1 字节的二进制位表示，一个汉字用 2 字节(2B)二进制位表示。

第 2 章

1. BAD

2. AABCD

3.

（1）S=PI*r**2 或 PI*r*r；C=2*PI*r

（2）2**100-1=1267650600228229401496703205375，其他语言要"数据溢出"

（3）注意文件扩展名为.py，代码为：print("我要学 Python")

第 3 章

1. ADCBADBCA

2. ACCBD

3.

（1）

```
tw=float(input("输入体温："))
if tw >= 37.3:
    print("禁止进入！")
else:
    print("欢迎光临！")
```

（2）

```
# BMI
w,h = input().split()
w = float(w)
```

```python
h = float(h)
BMI = round(w/h**2,1)    # 也可不用 round 函数，格式化 print("%.1f" % BMI)
if BMI < 18.5:
    print(BMI,"体重过低")
elif 18.5 <= BMI < 24:
    print(BMI,"正常范围")
elif 24 <= BMI < 28:
    print(BMI,"肥胖前期")
elif 28 <= BMI < 30:
    print(BMI,"Ⅰ度肥胖")
elif 30 <= BMI < 40:
    print(BMI,"Ⅱ度肥胖")
else:
    print(BMI,"Ⅲ度肥胖")
```

（3）

```python
# ATM 取款
s = 0
while True :
    mm = input("请输入密码：")
    if mm == "123456":
        qk = int(input("请输入取款金额："))
        print("请取出现金：",qk,"元")
    else:
        print("密码错误！")
        s += 1
        if s >= 3:
            print("密码 3 次错误，银行卡被锁定，请联系管理人员")
            break
        else:
            continue
```

（4）

```python
# for 语句
n = int(input("请输入 n："))
s=0
for i in range(1,n+1):
```

```
        s += i
print("前n项和为: ",s)

# while 语句
n = int(input("请输入 n: "))
s=0
i=0
while i <= n:
        s += i
        i += 1
print("前n项和为: ",s)
```
（5）
```
"""
设三种纪念品各买 x、y、z，方案总数为 s，
则 x+2y+4z=101
"""
s = 0
for x in range(1,96):
    for y in range(1,49):
        for z in range(1,25):
            if x+2*y+4*z == 101:
                s += 1
print("方案数为: ",s)
```
（6）
```
# 纸张对折多少次达到珠穆朗玛峰高度
zh=0.00003 # 0.03 毫米换算成米
zfg=8848.86  # 珠峰高度，单位：米
js=0
while zh < 8848.86:  # 因为循环次数难以确定，所以选择 while 循环
    js =js+1  # 对折次数
    zh = zh*2  # 每对折 1 次，高度变为原来的 2 倍
print("对折次数:",js,"纸高: ",zh)
```

第 4 章
1. CCABBD
2. ADCDB

```
# 石头剪刀布
import random
while True:
    ren = int(input("请出拳(石头 1，剪刀 2，布 3，退出 0)："))
    jsj = random.randint(1,3)
    if ren == 0:
        print("游戏退出")
        break
    elif (jsj==1 and ren==3) or (jsj==2 and ren==1) or (jsj==3
and ren==2):
        print("玩家出拳 {}，计算机出拳 {}，玩家胜利 ".format
(ren,jsj))
    elif jsj == ren:
        print("玩家出拳{}，计算机出拳{}，平局".format(ren,jsj))
    else:
        print("玩家出拳 {}，计算机出拳 {}，计算机胜利 ".format
(ren,jsj))
```

3. 编程实践

（1）

```
# 自定义函数求长方体积
def tj( ):
    a,b,c = input("输入三边长：" ).split()
    a = int(a)
    b = int(b)
    c = int(c)
    v = a**3+b**3+c**3
    print("体积：",v)
tj()
```

（2）

```
# 欧拉公式 PI**2/6 = 1+1/2**2+1/3**2+1/4**2+…
import time
import math
n = int(input("请输入一个正整数："))
time1=time.time()    #得到的是 1970 年到当前的秒数
PI6 = 1
for i in range(1,n+1):
```

```python
    PI6 = PI6+1/(i+1)**2
PI = math.sqrt(6*PI6)
print("圆周率 PI=",PI)
time2=time.time()
print("耗时: ",time2-time1,"秒")
```

```python
# 沃里斯公式 PI/2 = 2/1*2/3*4/3*4/5*6/5*6/7*8/7*8/9*…
import time
n = int(input("请输入一个正整数: "))
time1=time.time()        #得到的是 1970 年到当前的秒数
PI2 = 1
for i in range(1,n+1):
    PI2 = PI2*2*i/(2*i-1)*2*i/(2*i+1)
PI = 2*PI2
print("圆周率 PI=",PI)
time2=time.time()       #得到的是 1970 年到当前的秒数
print("耗时: ",time2-time1,"秒")
```

```python
# 蒙特卡洛随机投点法
import random                      #引入随机数库
import time                        #导入时间库
n = int(input("请输入豆子数: "))      #定义循环次数
time1 = time.time()                # 计时开始
list=0.0                           #落入圆中的豆子数量
for i in range(1,n+1):
    x = random.random()                #模拟石子的随机坐标
    y = random.random()
    if (pow(x,2) + pow(y,2)) <= 1:
        list = list+1                  #落入圆中的豆子数计数
print("圆周率 PI=",4*(list/n))                #输出圆周率
time2 = time.time()                # 计时结束
print("耗时: ",time2-time1,"秒")
```

（3）
```python
# 求三角弦函数值
import math
def Sin(x,y):
```

```
    x = float(input("x=" ))
    y = 2*math.sin(x)
    print("x=",x,"y=",y)
x=0
y=0
Sin(x,y)
```

（4）

```
# 递归函数求 n!
def f(n):
    if n == 1 or n == 0:
        return 1
    else:
        return n*f(n-1)
n = int(input("请输入一个整数："))
print("%d!=%d"%(n,f(n)))
```

（5）

```
#奥运五环
import turtle  # 导入海龟库
# turtle.setup(0.8,0.8)     # 设置窗口大小
turtle.title("画奥运五环")  # 设置窗口标题

def hy(pw,cl,r): # 画圆的自定义函数，有 3 个参数分别表示画笔粗细、颜色与半径
    turtle.pensize(pw)  # 画笔大小
    turtle.color(cl)  # 画笔颜色
    turtle.circle(r)  # 画圆，r 为圆的半径

x,y=-200,-50  # 海龟位置横坐标、纵坐标
colors=("blue","black","red","yellow","green")  # 用元组存储颜色名称，列表可以吗？
for cl in colors:
    turtle.penup()
    if cl =="black" or cl =="red" or cl =="green":
        x = x + 250
    elif cl =="yellow":
        x,y = -75,-150
```

```
turtle.goto(x,y)
turtle.pendown()
hy(20,cl,100)
```

提示：列表与元组的异同

相同点：

有序容器，可以通过索引下标取值，都可以遍历，使用 for

不同点：

列表可以增删改查，元组只能取值，不能够增删改值

第 5 章

1. ABDDCD

2. CBABD

```
# 三人谈理想
jA = input("请输入 A 理想：").split()
jA = set(jA)
jB = input("请输入 B 理想：").split()
jB = set(jB)
jC = input("请输入 C 理想：").split()
jC = set(jC)

jGT = jA & jB & jC          # 共同理想
jNC = (jA | jB | jC)-jB   # B 不喜欢的职业

s1,s2 = " "," "
for i in jGT:               #集合转化成字符串,用空格隔开
    s1 = s1+i+" "
for i in jNC:
    s2 = s2+i+" "
print("共同的理想职业：",s1)
print("B 不喜欢的职业：",s2)
```

3.

（1）

```
# 评委亮分
pf = input("请输入评委评分（空格隔开）：")
li = pf.split(" ")              # 将字符串转换为列表
li.sort()                       # 将列表中元素升序排列
del li[0]                       # 删除一个最低分
```

```python
del li[-1]                    # 删除一个最高分
s = 0
for i in li:                  # 列表中的元素求和
    s += float(i)
df = s/len(li)                # 求最后得分：平均分，总分/元素个数
print("该选手最后得分%.1f"%df)      # 输出最后得分
```

（2）

```python
# 位置前移
nums = input().split()
temp = nums[0]
for i in range(0,len(nums)-1):
    nums[i] = nums[i+1]
nums[len(nums)-1]=temp
for item in nums:
    print(item,end=' ')
```

解法2：

```python
nums = input().split()
temp=nums[0]
del nums[0]
nums.append(temp)
for item in nums:
    print(item,end=" ")
```

（3）

```python
# 小写后逆序输出   解法1
strA = input("请输入：")
strB = strA.lower()
print("输入字符串：",strA)
print("逆序字符串",strB[::-1])
```

```python
# 逆序输出   解法2
strA = input("请输入：")
strB = strA.lower()
order = []
for i in strB:
    order.append(i)
order.reverse()
```

```
orderS = "".join(order)
print(orderS)
```

（4）

```
# 最长单词
sentence = input().split()
max_word =sentence[0]
curlen =0
for word in sentence:
    leng = len(word)
    if leng > curlen:
        curlen = leng
        max_word = word
print(max_word)
```

（5）

```
# 推荐书单
books = []
x = ""
i=0
while x != "0":
    x = input("请输入第"+str(i+1)+"本书名（0 结束）: ")
    if x == "0":
        break
    else:
        books.append(x)
        i += 1
print("你共推荐了",i,"本书",books)
```

（6）

算法分析：把整个过程划分为三个步骤：从键盘读入字符串、统计字母出现的次数、输出结果。

统计过程的具体实现：显然，用字典保存统计结果是最好的选择，首先创建一个空字典，然后遍历字符串得到每个字符，根据该字符是否已出现过进行增加和修改。代码如下：

```
key_sum = {}
word = input("请输入字符串: ")
for c in word:
    if c not in key_sum.keys():
```

```
            key_sum[c] =1
    else:
            key_sum[c] +=1
for key,value in key_sum.items():
    print(key,":",value,end = " ")
```
也可以用简写形式
```
key_sum ={}
word = input("请输入字符串: ")
for c in word:
    key_sum[c] = 1 if c not in key_sum.keys() else key_sum[c]+1
for key,value in key_sum.items():
    print(key,":",value,end = " ")
```
（7）分析：陶陶在摘苹果时首先会直接伸手去摘，如果不能直接用手摘到，她会踩到板凳上再尝试，如果还不能摘到就会放弃。根据这个思路，我们把苹果到地面的高度构建为列表，然后遍历列表，依次判断每个苹果的高度是否大于 110，如果是则判断是否大于 140。代码如下：

```
apple_highs = [100, 200, 150, 140, 129, 134, 167, 198, 200, 111]
total = 0
for high in apple_highs:
    if high <= 110:
        total+=1
    elif high<=140:
        total+=1
print(total)
```
优化后的代码（请分析优化依据）：
```
apple_highs = [100, 200, 150, 140, 129, 134, 167, 198, 200, 111]
total = 0
for high in apple_highs:
    if  high<=140:
        total+=1
print(total)
```
在解决这个问题的过程中，采用的是将每个苹果的高度进行条件验证（判断是否小于或等于 140），符合条件的累加，不符合条件的舍弃，从而求解。我们把这种解决问题的方法称为枚举算法，即将问题的所有可能的答案一一列举，然后根据条件判断此答案是否合适，保留合适的，舍弃不合适的。

（8）

分析：为了将所有输入的单词保存，需要创建一个容器，这里用列表实现。然后逐一读入，每读入一个单词，依次判断是否是结束标志"end"，是否以"er"或"ly"结尾，如果是则使用切片截取，动态增加到列表。最后遍历列表输出所有单词。

```
word_list = [ ]
word = input("请输入单词: ")
while word!="end":
if word.endswith("er") == True or word.endswith("ly") == True:
    word = word[:-2]
word_list.append(word)
word = input("请输入单词: ")
for word in word_list:
    print(word,end=' ')
```

endswith( )方法是字符串对象的方法，用于判断字符串是否以指定后缀结尾。如果以指定后缀结尾返回 True，否则返回 False。

如果把条件修改为以 er 或者 ing 后缀结尾，要如何修改代码？

（9）

分析：显然，该问题需要遍历列表，由于列表元素已经按从小到大排序，我们只需判断当前元素是否与前一元素相等，若相等，当前平台长度加 1，不相等，表明当前平台已经结束，计算出到目前为止最长平台的长度，然后把下一平台长度初始为 1。实现代码如下：

```
maxlen=1                        #最大平台长度
curlen=1                        #当前平台长度
pre=None
str = input("请输入一个用逗号分隔的字符串: ")
li = str.split(",")            #把字符串转化为列表
for num in li:
    if pre==num:
        curlen+=1
    else:
        maxlen = max(maxlen,curlen)
        curlen = 1
    pre = num
maxlen=max(maxlen,curlen)       #如果只有 1 个平台
print(maxlen)
```

我们知道，选择排序的思想是，每一次从待排序的数据元素中选出最小（或最大）

的一个元素，存放到序列的起始位置，直到全部排完，请试着比较本题的实现过程与选择排序的思想。

（10）

分析：先定义一个空列表，产生随机数，判断这个数是否在列表中，如果在列表中，重新产生，否则添加到列表，如此继续，直到列表元素个数等于 n。实现代码如下：

```
import random                           #导入产生随机数模块
li = list()
count = 0
n = int(input())
while count < n:
    tempint = random.randint(1,n)       #产生随机数
    if tempint not in li:
        li.append(tempint)
        count+=1
print(li)
```

实际上，使用 random.sample(range(1,n+1),n) 可以直接产生满足要求的列表。Python 中由对象提供的方法已能完成很多功能，这是 Python 得以流行的一个重要原因。

第 6 章

1. AAC

2.

（1）

```
# 在文本文件中增加内容
import os
def appendword(file):
    with open(file,'a') as f:
        f.write('\n'+ word)
path = 'd:/tools'               #请根据实际修改
word = '被我找到了'
sum = 0
for file in os.listdir(path):
    if os.path.splitext(file)[1]=='.txt':
        sum += 1
        appendword(os.path.join(path,file))
if sum>0:
    print("已追加文件{}个".format(sum))
```

```
    else:
        print("没有找到文件")
```

（2）

```
# 成绩单
pwdf = input("请输入评委打分（空格隔开）: ").split()   # 输入字符串
转换成列表
    spwdf = " ".join(pwdf)   # 将列表转换为字符串
    pwdf.sort()        # 列表升序排列
    del pwdf[0]        # 删除第1个
    del pwdf[-1]
    zhdf=0
    for i in pwdf:
        zhdf += float(i)
    zhdf = zhdf/len(pwdf)
    print("评委亮分: ",spwdf)
    print(" 最后得分: %.2f"%zhdf)
    zhdf = str(zhdf)   #将数值转换为字符串

    with open(r"成绩单.txt","a") as f:
        f.write("\r 评委亮分: ")
        f.write(spwdf)
        f.write(" 最后得分: ")
        f.write(zhdf)
```

第7章

1.

（1）封装、继承、多态　　（2）两　　（3）object　　（4）self, cls　　（5）可以

2.

（1）

```
class Student():
    def __init__(self,name,age):
        self.__name = name
        self.__age = age
    def getName(self):
        return self.name
    def getAge(self):
        return self.age
```

```python
        def setName(self,name):
            self.name = name
        def setAge(self,age):
            self.age = age
        def playBasketball(self):
            print("%s is playing basket ball." %(self.name))
std1 = Student("Liming",15)
std1.setName("Lilei")
std1.playBasketball()
```

（2）

```python
class ClsA():
    num = 64


class ClsB(ClsA):
    def __init__(self):
        self.num = int(input())
    def result(self):
        if(self.num > ClsA.num):
            print("Bigger")
        elif(self.num < ClsA.num):
            print("Smaller")
        else:
            print("Ringht")
numB =ClsB()
numB.result()
```

（3）

```python
class Vehicle():
    def __init__(self,speed,volume,number,color, ):
        self.speed = speed
        self.volume = volume
        self.number = number
        self.color = color
self.acc = acc    #加速度
    def move(self):
        print("The %d vehicle is moving" %(self.number))
    def speedUp(self):
```

```
        self.speed += self.acc
    def speedDown(self):
        self.speed -= self.acc
    def prtspeed(self):
        print(self.speed)
v1 = Vehicle(20,100,"123","Blue", 5)
v1.speedUp()
v1.prtspeed()
```

（4）

```
class Vehicle():
    def __init__(self,speed,volume,number,color,acc):
        self.speed = speed
        self.volume = volume
        self.number = number
        self.color = color
        self.acc = acc
    def move(self):
        print("The %d vehicle is moving" %(self.number))
    def speedUp(self):
        self.speed += acc
    def speedDown(self):
        self.speed -= acc
    def prtspeed(self):
        print(self.speed)
class Car(Vehicle):
    def speedUp(self):
        self.speed += acc*3
    def speedDown(self):
        self.speed -= acc*3
v1 = Vehicle(20,100,"123","Blue",5)
v2 = Car(30,100,"456","Red",v1.acc*2)
v2.distance = v2.speed*5 + v1.acc*2*5*5/2
v2.speed += v2.acc*5
v2.distance += v2.speed*60
v2.prtspeed()
print(v2.distance)
```

参考文献

［1］王跃进. Python 入门与实战[M]. 成都：西南交通大学出版社，2019.

［2］DAVID BEAZLEY BRIAN K. JONES. Python Cookbook 中文版[M]. 3 版. 陈舸，译. 北京：人民邮电出版社，2015.

［3］中华人民共和国中央人民政府. 国务院关于印发《新一代人工智能发展规划》的 通知[DB/OL]. [2017-07-08] http://www.gov.cn/zhengce/content/2017-07/20/content_ 5211996. htm.

［4］中华人民共和国教育部. 教育部关于印发《教育信息化 2.0 行动计划》的通知 [DB/OL]. [2018-04-18] http://www.moe.gov.cn/srcsite/A16/s3342/201804/t20180425_ 334188. html.

［5］吴军. 智能时代[M]. 北京：中信出版社，2016.

［6］尤小平. 学历案与深度学习[M]. 上海：华东师范大学出版社，2017.

［7］本尼迪克特·凯里. 如何学习[M]. 杭州：浙江人民出版社，2017.

［8］吴军. 计算之魂[M]. 北京：人民邮电出版社，2022.